KB077969

유지어터 권미진의

먹으면서 빼는 다이어트 레시피

권미진 지음

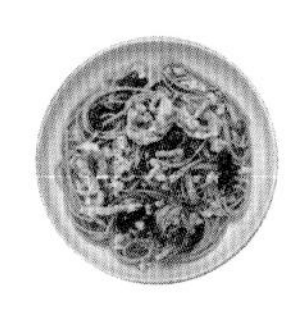
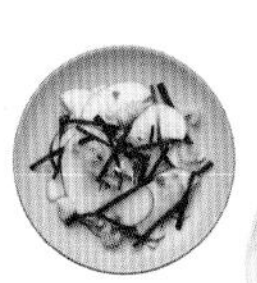
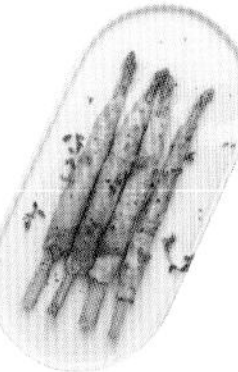

길벗

유지어터 권미진의 먹으면서 빼는 다이어트 레시피

초판 발행 · 2021년 6월 21일

지은이 · 권미진
발행인 · 이종원
발행처 · (주) 도서출판 길벗
출판사 등록일 · 1990년 12월 24일
주소 · 서울시 마포구 월드컵로 10길 56 (서교동)
대표전화 · 02) 332-0931 | **팩스** · 02)323-0586
홈페이지 · www.gilbut.co.kr | **이메일** · gilbut@gilbut.co.kr

편집팀장 · 민보람 | **기획 및 책임편집** · 서랑례(rangrye@gilbut.co.kr) | **디자인** · 최주연 | **제작** · 이준호, 손일순, 이진혁
영업마케팅 · 한준희 | **웹마케팅** · 김선영, 김윤희 | **영업관리** · 김명자 | **독자지원** · 송혜란, 윤정아

편집진행 · 두경아 | **교정** · 추지영 | **사진** · 조혜원 | **푸드스타일리스트** · 101recipe 권민경 | **푸드스타일링 어시스턴트** · 이도화, 이지선
CTP 출력 · **인쇄** · 교보피앤비 | **제본** · 경문제책

ISBN 979-11-6521-580-4(13590)
(길벗 도서번호 020176)

정가 17,000원

독자의 1초까지 아껴주는 정성 길벗출판사
(주)도서출판 길벗 | IT실용, IT/일반 수험서, 경제경영, 취미실용, 인문교양(더퀘스트) www.gilbut.co.kr
길벗이지톡 | 어학단행본, 어학수험서 www.eztok.co.kr
길벗스쿨 | 국어학습, 수학학습, 어린이교양, 주니어 어학학습, 교과서 www.gilbutschool.co.kr
페이스북 · www.facebook.com/gilbutzigy | **트위터** · www.twitter.com/gilbutzigy

독자의 1초를 아껴주는 정성!
세상이 아무리 바쁘게 돌아가더라도
책까지 아무렇게나 빨리 만들 수는 없습니다.

인스턴트 식품 같은 책보다는
오래 익힌 술이나 장맛이 밴 책을 만들고 싶습니다.

땀 흘리며 일하는 당신을 위해
한 권 한 권 마음을 다해 만들겠습니다.

마지막 페이지에서 만날 새로운 당신을 위해
더 나은 길을 준비하겠습니다.

독자의 1초를 아껴주는 정성을 만나보십시오.

• Prologue •

기억하시나요? 저는 2011년 7월 10일부터 11월 27일까지 이제는 역사의 뒤안길로 사라진 KBS 〈개그콘서트〉 '헬스걸'이라는 코너를 통해 체중 감량에 성공했어요. 103kg인 제가 프로그램을 통해 반쪽이 됐죠. 다이어트 성공의 기쁨과 더불어 작가의 꿈도 이루게 됐어요. 2013년 5월, 좌충우돌 헬스걸 탄생 이야기와 즐겁게 다이어트할 수 있는 방법을 담은 ≪헬스걸 권미진의 개콘보다 재밌는 다이어트≫를 출간했고, 그 인기에 힘입어 이듬해 업그레이드 버전인 ≪헬스걸 권미진의 성형보다 예뻐지는 다이어트≫를 펴냈어요. 두 권 모두, 국내외 다이어터들에게 과분한 사랑을 받았답니다. 그리고 2021년 세 번째 책의 출간을 앞두고 이 원고를 쓰고 있어요. 그러고 보니 제 이름 앞에 헬스걸이라는 타이틀을 단 지 벌써 10년이 됐네요.

제가 쓴 단행본 세 권은 모두 같은 분인 두경아 편집자님께서 작업해주셨어요. 두 권의 책을 작업할 때 좋은 기억들뿐이고 책도 잘돼서, 세 번째 책을 제안해주셨을 때 고민할 것도 없이 무조건 하고 싶었지요. 어떤 종류의 책인지 물어보지도 않고 말이에요.

출판사 미팅 날, 다이어트 건강 레시피 중 하나인 코코넛 누룽지를 만들어 갔어요. 전날 제 간식으로 만들어 먹은 거라 모양이 엉망이었지만 다이어트할 때도 이렇게 맛있는 간식을 먹을 수 있다는 걸 어필하고 싶었지요. 그 자리에 있던 출판사 분들과 나눠 먹었는데 모두 '맛있다'며 '팔아도 되겠다'는 평을 받았어요. 앞선 두 권의 책과 달리 요리책을 제안받은 자리라 기분이 더 좋을 수밖에 없었죠. 그렇게 세 번째 책을 시작했답니다.

지난 10년간, 수많은 다이어트 요리를 해왔어요. '어떻게 하면 더 맛있고 건강한 다이어트 요리를 만들 수 있을까?' 고민하며 재료를 바꿔보고 삶아보고 구워보며 실험도 해봤지요. 다이어트 레시피는 건강 레시피이기도 해요. 그래서 저는 임신 중에도 제 레시피로 요리를 했고, 다이어트를 한 번도 안 해본 신랑에게도 맛보여 주었어요. 이 책에는 "엽기 떡볶이가 가장 맛있다"는 신랑도 맛있게 먹었던 요리들을 추려 담았어요. 자극적인 요리를 좋아하는 사람도, 맛없는 식단으로 매번 다이어트에 실패하는 사람도 맛있게 즐기며 다이어트에 성공할 수 있는 요리랍니다.

나은이를 배 속에 품은 지 10주 차 되는 날, 이 책의 계약서를 쓰고 집필을 시작해 나은이가 태어나 백일이 지나서야 탈고했어요. 자기 방귀에 놀라 응애~~~ 울고, 하루에도 수십 번씩 제게 웃는 법을 다시 알려주며, 바르게 최선을 다해 살고 싶게 만들어주는 제 딸 나은이. 부모가 자식을 사랑하는 맘을 두고 완벽한 나르시시즘이라고 하지만, 제가 나은이를 사랑하는 만큼 나를 사랑했다면 결혼을 안 했겠지 싶어요. 이 책의 요리들은 훗날 딸 나은이에게 모두 만들어줄 거예요. 그 정도로 진심을 담은 요리랍니다.

초고도 비만녀에서 평범한 여자로, 요요로 또 다이어트를 해야 했고, 다시는 요요를 겪지 않겠다고 다짐했지만 또 요요로 또 다이어트를 반복해왔어요. 그리고 끝내 요요 없는 몸을 만들어 완벽한 유지어터가 되었죠. '이젠 평생 날씬하게 살아야지' 하며 잘 유지하던 중 임신을 했고 출산을 한 지금 또 다이어트를 하고 있습니다. 이쯤 되면 다이어트는 내 평생 숙제이자 숙명이 아닐까 싶어요. 이 책을 읽고 있는 바로 여러분처럼요. 우리 함께 다시 시작해보아요.

Thanks to

하루의 시작은 나은이를 제 품에 안아 나은이의 심장을 제 심장에 바짝 붙여 그날의 에너지를 채우고, 하루의 마지막은 오빠의 심장에 제 심장을 바짝 붙이고 마주 누워 힘을 채웁니다. 엄마 아빠의 딸로 태어난 것이 가장 큰 행운이라 생각하고 살았는데 얼마 전 가장 잘한 일이 생겼습니다. 바로 참 좋은 신랑을 만나 매일매일 새로운 꿈을 꾸게 해주는 딸을 낳은 것입니다. 부모 복 좋아, 신랑 복 좋아, 자식 복까지 좋으니 저는 이제 무병장수를 꿈꿔 봅니다. 함께 있는 것만으로도 행복한 사랑하는 나의 김창배와 김나은에게 고마움을 전하며, 또 이 책에 도움을 주신 길벗 서랑례 과장님, 민보람 팀장님, 그리고 인생에 한 번 내기도 어려운 책을 세 번이나 함께 해주신 최고의 편집자 두경아님께 제일 감사드립니다.

contents

• Prologue •

PART : 2

밥 대신 가벼운 한 끼

PART : 3

다이어트 반찬

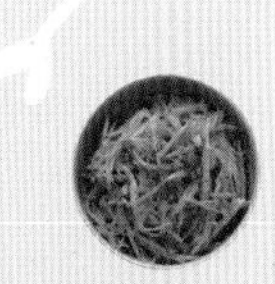

PART : 4
다이어트 면 요리

PART : 5
다이어트 샐러드

PART : 6
다이어트 수프&간식

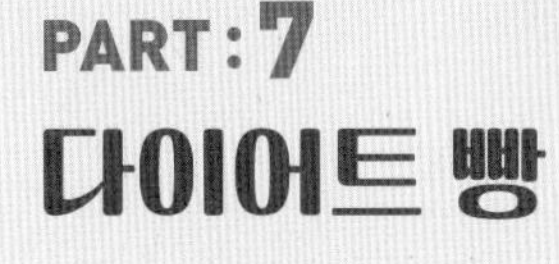

PART : 7
다이어트 빵

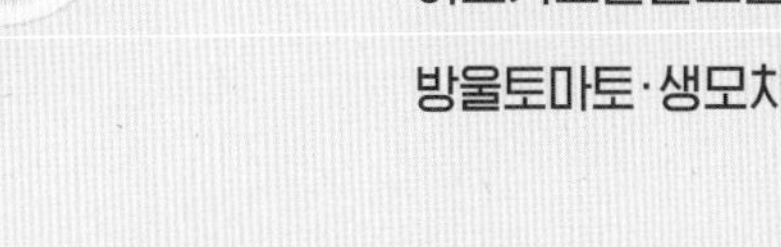

《 일 러 두 기 》

다이어트에 관한 다양한 읽을거리와 레시피 팁이 담긴 Intro

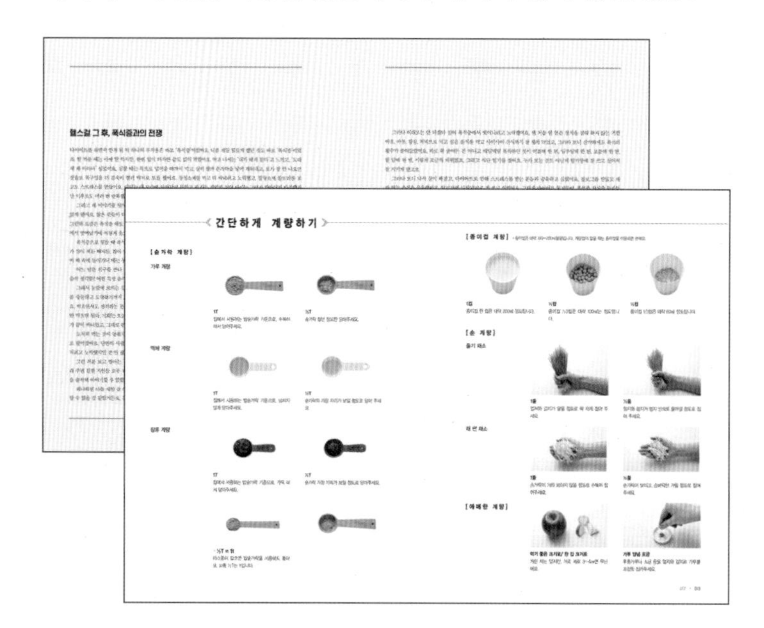
간단하게 계량하기

다이어트에 관한 다양한 에피소드를 담은 에세이와 이 책에 사용된 계량법을 알기 쉽게 풀어놓았습니다.

다이어트에 관한 모든 궁금증을 해결하는 Q&A

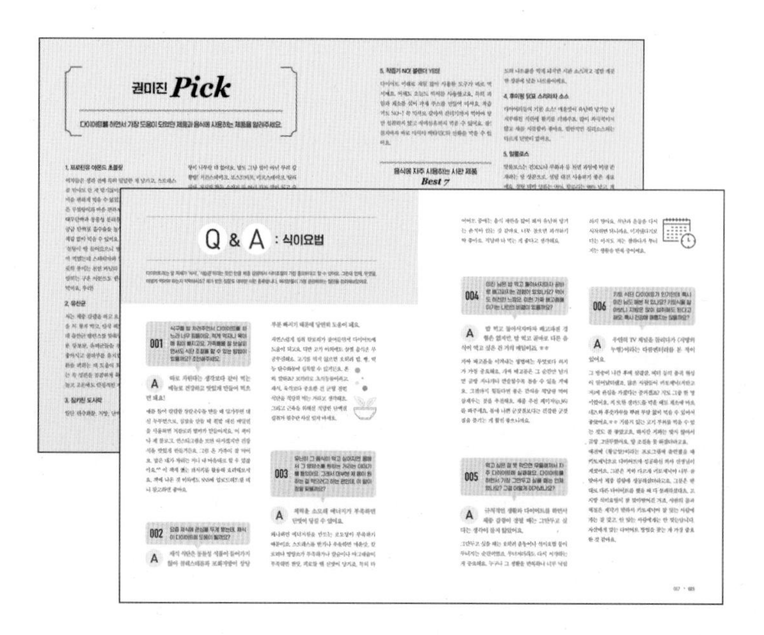
권미진 Pick

Q & A : 식이요법

50kg 감량 후, 10년간 유지해온 유지어터 끝판왕 권미진이 다이어터들의 궁금증에 사소한 것 하나까지 꼼꼼하게 답했습니다. 식이요법, 멘탈, 운동이라는 다이어트의 큰 카테고리로 나눠 101가지 질문과 답변을 실었습니다.

한 그릇 밥부터 간식, 수프, 빵까지 다이어트를 책임지는 Recipe

각 요리에 필요한 재료를 소개합니다.

모든 요리 과정은 자세한 사진과 친절한 설명으로 풀어냈습니다.

먹으면 먹을수록 건강해지는

양배추달걀밥

재료
잡곡밥 150g
양배추 ¼통(100g)
달걀(노른자 1개, 흰자 2개)
간장 ½T
참기름 조금
올리브유 조금

❶ 양배추 ¼통은 깨끗이 씻어서 막 썰어주세요.

❷ 팬에 올리브유를 두르고 달걀 스크램블을 만들어요.

❸ ②에 양배추를 넣고 볶다가 잡곡밥 150g, 간장 ½T, 참기름 조금 넣고 한 번 더 볶아주세요.

❹ 고슬고슬하게 볶은 양배추달걀밥을 그릇에 담아 먹어요.

이렇게 먹으면 더 맛있다!

양배추달걀밥을 만들 때 양배추 대신 배추를 사용해도 좋아요. 배추를 볶을 때는 마른 고추를 잘게 부숴서 조금 넣어도 맛있답니다. 배추가 양배추보다 더 시원한 맛이 있어요:)

요리가 쉬워지는 꿀팁

채 썬 양배추는 비닐봉지에 넣고 느슨하게 묶어 전자레인지에 1분에서 1분 30초 정도 돌려서 사용하면 조리 시간이 줄어들어요.

앗, 재료가 남았나! 보너스 레시피

재료
양배추 ¼통, 쪽파, 미나리, 물 ½컵(종이컵), 소금 ½T, 고춧가루, 다진 양파, 다진 마늘, 매실액, 통깨 조금

양배추김치

❶ 양배추 ¼통은 한입 크기로, 쪽파와 미나리는 먹기 좋은 크기로 썰어요.

❷ 물 ½컵에 소금 ½T을 넣어 소금물을 만들어요. 이 소금물에 양배추를 30분간 절인 후 찬물에 헹궈 물기를 빼주세요.

❸ 고춧가루, 다진 마늘, 다진 양파, 매실액을 섞어서 양념장을 만들어요.

❹ 양배추에 양념장을 잘 버무린 후 쪽파와 미나리를 넣고 한 번 더 버무린 다음 통깨를 뿌리면 완성!

미진이의 맛있는 이야기

다이어터, 헬스걸, 건강 전도사 등의 수식어가 붙었지만 실상은 그렇지 못할 때가 많았어요. 부끄러울 만큼 불규칙적인 식사, 가끔이지만 끊을 수 없는 폭식, 빈속에 아메리카노 마시기, 맵고 짠 자극적인 음식 즐기기, 거기에 음주까지…. 당연히 위가 안 좋아지기 마련이죠^^; 위 건강을 위해 양배추를 먹기 시작하다 어릴 적부터 즐겨 먹던 달걀밥에 양배추를 넣어 볶아봤어요. 기대보다 훨씬 맛있고 포만감도 좋아서 권미진 레시피로 등극했답니다.

080 · 081

레시피와 관련된 에피소드를 소개해 읽는 즐거움을 느낄 수 있습니다.

재료를 좀 더 오래 보관하거나, 조리를 좀 더 빠르게 할 수 있는 다양한 방법을 알려줍니다.

주재료가 남았을 때 활용할 수 있는 다이어트 레시피를 소개합니다.

《 간단하게 계량하기 》

[숟가락 계량]

가루 계량

1T
집에서 사용하는 밥숟가락 기준으로, 수북이 떠서 담아주세요.

½T
숟가락 절반 정도만 담아주세요.

액체 계량

1T
집에서 사용하는 밥숟가락 기준으로, 넘치지 않게 담아주세요.

½T
숟가락 가장자리가 보일 정도로 담아주세요.

장류 계량

1T
집에서 사용하는 밥숟가락 기준으로, 가득 떠서 담아주세요.

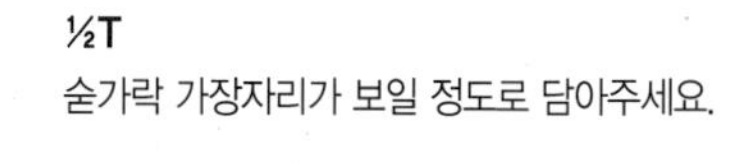

½T
숟가락 가장자리가 보일 정도로 담아주세요.

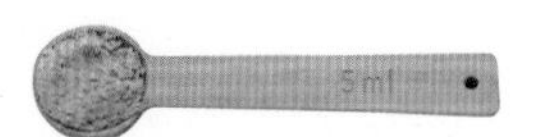

*** ⅓T = 1t**
티스푼이 없으면 밥숟가락을 사용해도 좋아요. 보통 ⅓T는 1t입니다.

[종이컵 계량] *종이컵은 대략 180~200㎖ 용량입니다. 계량컵이 없을 때는 종이컵을 이용하면 편해요.

1컵
대략 200㎖ 정도입니다.

½컵
대략 100㎖ 정도입니다.

⅓컵
대략 60㎖ 정도입니다.

[손 계량]

줄기 채소

1줌
엄지와 검지가 닿을 정도로 꽉 차게 집어주세요.

½줌
검지가 엄지 안으로 들어갈 정도로 집어주세요.

채 썬 채소

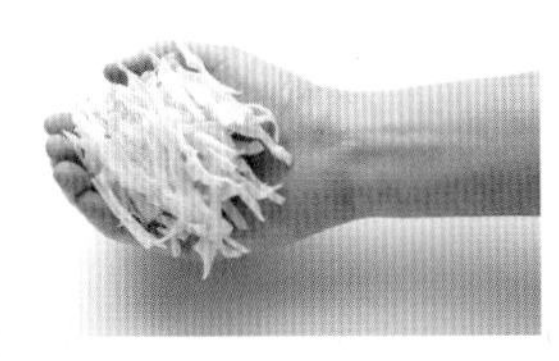

1줌
손가락이 거의 보이지 않을 정도로 수북이 집어주세요.

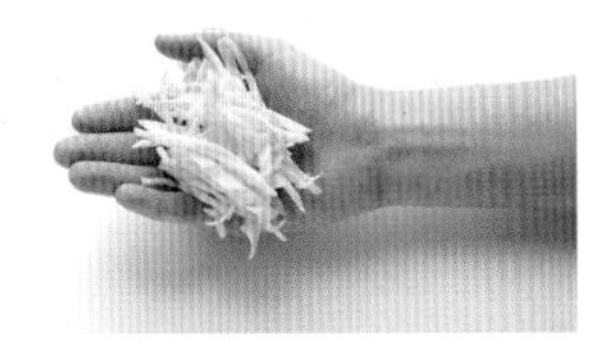

½줌
손가락이 보이고 손바닥만 가릴 정도로 집어주세요.

[애매한 계량]

먹기 좋은 크기로 / 한입 크기로
개인차는 있지만, 가로세로 3~4㎝ 정도가 무난해요.

가루 양념 조금
후춧가루나 소금 등을 엄지와 검지로 꼬집듯 집어주세요.

유지어터의 비결, 꾸준함과 지속성

2011년 〈개그콘서트〉 '헬스걸' 코너를 하면서 다이어트에 성공해 인생 최저 몸무게 51kg을 찍었을 때나, 출산 후 육아에 시달리는 지금이나, 제 다이어트는 늘 현재진행형이에요. 3.7kg 모태 비만으로 태어나 어릴 때부터 성인이 되어서까지 '돼지'라는 별명을 달고 다녔지만 크게 불편하거나 창피하지 않았어요. 남들은 "대학 가면 살 빠진다"고 했지만, 저는 스무 살 이후 몸무게가 30kg이나 더 쪘어요. 개그우먼의 꿈을 품고 서울로 올라와 자취를 하면서 열심히 산 것뿐인데, 어느새 몸무게는 0.1톤이 되어 있었죠. 그러던 어느 날 선배들과 누워서 〈개그콘서트〉를 보며 웃다가 숨이 막혀버린 적이 있어요. 제 목살에 기도가 눌려서요! 심각성을 느낀 이승윤, 이종윤 선배가 "너 이러다가 큰일 나겠다"고 걱정하며 제안했던 코너가 바로 '헬스걸'이었어요. 남들은 예뻐지기 위해 시작한 다이어트를, 저는 죽지 않고 살아남기 위해 시작했죠.

체중을 감량하고 나서 상상도 못 할 무언가가 변한 것은 아니었어요. 아마 제 변화를 들으면 '겨우?' 하고 실망할 수도 있어요. 마음에 드는 옷을 맘껏 입어보고 사고 싶으면 살 수 있는 행복(예전에는 제게 맞는 사이즈가 있는지 눈치부터 봤거든요), 자세에는 좋지 않지만 다리를 꼬고 앉을 수 있는 행복, 무릎을 쪼그리고 앉아도 뒤로 넘어지지 않는 행복, 대중교통을 이용할 때 다른 사람에게 피해 주지 않고 한 자리만 차지하고 앉을 수 있는 행복, 양치질을 하다 치약이 배가 아닌 가슴으로 떨어지는 행복, 땅을 내려다봤을 때 발이 보이는 행복(이 행복은 만삭 때 잠시 잃어버렸지만 행복한 잃어버림이었죠), 여성복을 입을 수 있는 행복, 제게도 헐렁한 옷이 생긴 행복, 쇄골을 발굴해낸 행복, 그전에는 길거리에서 받는 전단지의 종류가 음식점뿐이었는데 다른 전단지들도 받았던 행복, 허리 사이즈가 초과돼서 못 타던 놀이기구를 탈 수 있는 행복, "너 어떻게 시집갈래?"라는 말을 듣다가 살이 빠진 후 "시집 안 가니? 시집가야지~"라는 말을 듣는 행복…. 남들에게는 너무도 당연한 것들인데, 제 인생에는 없었던 기적이 일어난 거예요.

아, 제 인생에 큰 변화가 생긴 행복도 있었어요. 개그우먼 이외에 '다이어트 전문가'로 활동할 수 있게 된 행복이에요. 다이어트에 성공한 뒤 두 권의 단행본을 냈는데 둘 다 국내에서 베스트셀러가 됐고, 번역까지 되어서 해외에서도 베스트셀러가 된 행복, 그러다 보니 이렇게 세 번째 책을 쓰는 행복도 생겼네요. 대기업은 못 갔지만 대기업 직원들을 강의하는 딸이 됐으니 부모님께 자식 농사 잘 지으셨다고 말할 수 있었던 행복도 있고, 좋은 사람을 만나 세상에서 제일 예쁜 딸을 가진 엄마가 된 행복도 빼놓을 수 없습니다. 모두 다이어트가 없었다면 힘들었을 행복들이에요.(불가능하지는 않았을 것 같지만, 0.1톤 미진이의 결혼과 출산은 어땠을지 궁금해지네요.)

과거 '비만했기에', 지금 누릴 수 있는 행복

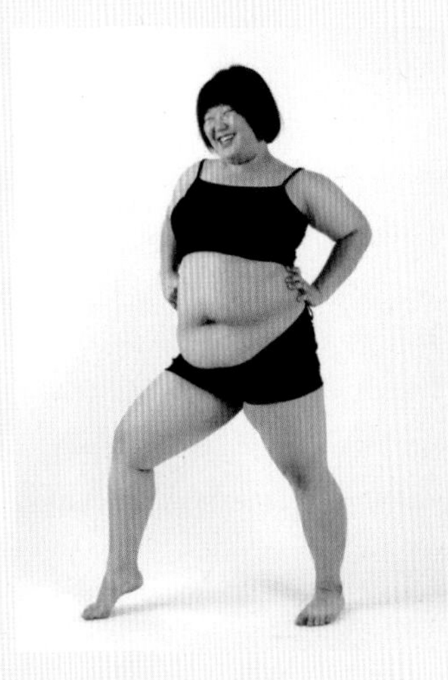

비만도 보통 비만이 아니라 103kg이었기에 고도비만인 분들께 도움을 줄 수 있고, 살이 빠지면서 만나게 되는 정체기 덕분에 정체기로 고민에 빠진 분들께 도움이 될 수 있었어요. 계속되는 다이어트 과정에서 먹는 것에 대한 두려움이 생겨 섭식장애를 앓아봤기에 섭식장애로 아파하는 분들께도 도움을 줄 수 있고, 평균 체형이 되고 빼기보다 더 어렵다는 요요 없이 유지하는 법도 누구보다 잘 알고 있는 유지어터라 행복해요.

처음부터 유지를 잘할 수 있었던 것은 아니에요. 저 역시도 요요를 피해 갈 수 없었죠. 몇 번의 요요를 겪었어요. 그리고 운동을 열심히 해도 식단을 바꾸지 않으면 소용없다는 사실도 깨달았죠. 그래서 요리를 하기 시작했어요. 재료를 살짝 바꾸고, 조리 방식만 바꿔도 이렇게 맛있는 요리가 탄생하는 것에 재미를 들였고, 내가 먹는 음식이 내가 된다는 생각으로 정성껏 요리했어요. 잘 먹고 운동만 조금 더 해도 건강한 몸 만들기는 얼마 걸리지 않아요. 고장이 많이 나 있더라도 3개월 정도면 가능하죠. 그리고 3개월 동안 실천하다 보면 습관이 되고, 습관이 되면 현명한 유지어터가 될 수 있어요. 대부분 3개월 후 목표 체중을 달성하고 나면 좋은 습관을 그만두곤 하는데, 요요 없이 유지하는 데 가장 중요한 비결은 '꾸준함' 그리고 '지속성'이에요. 몸이 변하고 건강해지고 아름다워지면 너무 좋아서 돌아가고 싶지 않아 노력하게 되죠.

유지어터인 제가 매일 실천하고 있는 것이 하나 있는데 정말 쉬워요. 눈 감고도 할 수 있는, 바로 아침에 일어나 따뜻한 물 한 컵을 마시는 것이에요. 한 번 끓여서 미지근하게 식힌 물은 위를 자극하는 교감신경을 활발하게 해 정신을 맑게 해주고, 체온을 올려 노폐물이 빠지기 쉽고 혈액순환과 신진대사를 활발하게 해서 살이 빠지기 쉬운 몸이 됩니다. 이건 아가씨든 아줌마든 워킹맘이라도 쉽게 실천할 수 있고, 육아맘이라면 제일 쉬울 거예요. 24시간 가동되는 분유 포트! 100℃까지 끓였다가 43℃에 맞춰져 있는 그 물이 딱이거든요. 돌을 걷어내는 것보다 살과 기름을 걷어내는 일이 더 고통이 따를 수밖에 없지요. 그러나 고통의 끝에 아름다운 조각상이 탄생하는 법. 부디 이 땅의 미진이들이 자신을 가장 멋지고 아름답게 그리고 건강하게 조각하길 바라요.

헬스걸 그 후, 폭식증과의 전쟁

다이어트를 하면서 얻게 된 딱 하나의 부작용은 바로 '폭식증'이었어요. 나를 제일 힘들게 했던 것도 바로 '폭식증'이었죠. 안 먹을 때는 아예 안 먹지만, 한번 입이 터지면 끝도 없이 먹었어요. 먹고 나서는 '내가 돼지 같다'고 느끼고, '도대체 왜 이러나' 싶었어요. 심할 때는 목으로 넘어올 때까지 먹고, 살이 찔까 손가락을 넣어 게워내고, 토가 잘 안 나오면 칫솔로 목구멍을 더 깊숙이 찔러 억지로 토를 했어요. 장청소제를 먹고 다 싸내려고 노력했고, 장청소제 칼로리를 보고도 스트레스를 받았어요. 이러는 내 모습에 자괴감이 들었고 뭐 하는 짓인가 싶어 다시는 그러지 말아야지 다짐했지만 이후로도 여러 번 반복했습니다. 지난날의 저는 그랬어요.

그리고 제 이야기를 털어놓고 나니 주변에 아주 평범하디 평범한 젊은 여성들의 고민이 바로 이 폭식증이라는 걸 알게 됐어요. 많은 분들이 다이어트 고수라고 불러주는 저도 아직 이 지독한 폭식증에서 완전히 벗어나지는 못했어요. 그런데 요즘은 폭식을 해도 기분이 나쁘지 않아요. 왜냐하면 예전의 폭식증은 완전 심각했는데 이제는 그 심각한 수준에서 벗어났기에 이렇게 웃으며 이야기할 수 있는 거겠죠.

폭식증으로 힘들 때 폭식 – 절식 – 폭식 – 절식을 반복했어요. 사람들과 약속을 잡고 먹을 땐 조절할 수 있었죠. 제가 살이 찌든 빠지든, 많이 먹든 조금 먹든 타인의 눈치를 볼 이유가 없는데도 눈치 보느라 먹어도 먹는 게 아닌? 음식이 배 속에 들어가니 배는 부르지만 만족되지 않는?

어느 날은 친구를 만나 적당히, 지극히 정상인만큼만 먹었는데 헤어지는 순간 눈이 돌아갔어요. 머릿속에는 온통 음식 생각뿐! 어떤 특정 음식이 먹고 싶은 것도 아니고 그냥 계속 뭐라도 먹고 싶다는 생각이 들었어요.

그래서 눈앞에 보이는 김밥집에 들어가 김밥 한 줄을 사서 손으로 우걱우걱 먹으며 집으로 돌아와 치킨+피자 세트를 주문하고 도착하기까지 30~40분을 못 기다려서 냉동밥을 데우고 햄을 굽고 냉장고에서 반찬들을 꺼내 막 먹었어요. 먹으면서도 생각하는 건 '피자랑 치킨은 언제 오지?'였죠. 배도 엄청 부르고 딱히 먹고 싶은 것도 아닌데 '내일부터 안 먹으면 된다. 기회는 오늘뿐이다!'라는 생각에 미친 듯이 먹었어요. 친구와의 식사 – 김밥 – 밥과 반찬 – 치킨+피자가 끝이 아니었고, 그대로 편의점에 가서 아이스크림, 과자, 씹을 거리 등을 사와서 또 먹었죠.

도저히 먹는 것이 멈춰지지 않았어요. 그러다 보니 점점 살은 찌고(요요현상) 피부도 더러워지고, 자신감도 바닥으로 떨어졌어요. 당연히 사람들을 만나기 싫어졌고, 가족들도 만나고 싶지 않아서 나로 인해 온 가족이 힘들었어요. 고치려고 노력했지만 잘 안 됐고, 수개월을 혼자서 폭식 – 후회 – 절식 또 폭식 – 또 후회 – 또 절식의 반복이었답니다.

그런 저를 보고 엄마는 "차라리 103kg일 때로 돌아갔으면 좋겠다"고 울면서 말씀하셨어요. 엄마만의 생각이 아니라 주변 친한 지인들 모두 같은 마음이었다고 해요. 그땐 가장 믿는 엄마에게도, 가족처럼 지내는 친구에게도 내 마음을 솔직히 이야기할 수 없었어요.

왜냐하면 나를 제일 잘 이해해주고 내 모든 걸 사랑해주는 사람이라 할지라도 당시의 괴로움과 고통스러움은 이해할 수 없을 것 같았거든요. 철저히 나 혼자였죠.

그러다 이대로는 안 되겠다 싶어 폭식증에서 벗어나려고 노력했어요. 맨 처음 한 일은 절식을 절대 하지 않는 거였어요. 아침, 점심, 저녁으로 먹고 싶은 음식을 먹고 사이사이 간식까지 잘 챙겨 먹었고, 그러다 보니 신기하게도 폭식의 횟수가 줄어들었어요. 바로 확 줄어든 건 아니고 매일매일 폭식하던 것이 이틀에 한 번, 일주일에 한 번, 보름에 한 번, 한 달에 한 번, 이렇게 조금씩 바뀌었죠. 그리고 식단 일기를 썼어요. 누가 보는 것도 아닌데 일기장에 잘 쓰고 싶어서 잘 지키게 됐고요.

그러다 보니 다시 살이 빠졌고, 다이어트로 인해 스트레스를 받는 분들과 공유하고 싶었어요. 블로그를 만들고 제가 먹는 음식을 공유했어요. 일기장과 마찬가지로 잘 쓰고 싶었어요. 그렇게 다이어트 동지들이, 폭식증 거식증 동지들이 생기니 더욱 힘이 났고, 음식에 대한 집착이 조금씩 사라졌어요. 그리고 혼자 식사하기보다 다시 세상에 나가 누군가와 함께 식사를 했죠. 단, 눈치 보지 않고 먹고 싶은 걸로!

음식에 대한 집착이 사라져야 끔찍한 폭식증이 사라진다는 걸 오랜 시간 경험한 후 깨달았어요. 오히려 103kg일 때는 음식에 대한 집착증이 전혀 없었어요. 배고픔도 잘 참았죠. 제가 얻은 다이어트의 유일한 후유증이 바로 폭식증이었고, 나를 제일 힘들게 했던 것도 폭식증이었어요. 폭식증이 있다면 당장 정상 패턴으로 돌아가기 절대 쉽지 않을 거예요. 다시 한 번 정리해볼게요.

1. 무리한 다이어트를 하고 있다면 당장 때려쳐야 해요. 공급되는 칼로리가 너무 적으면 우리 몸은 의지에 상관없이 많은 양의 음식을 원할 수밖에 없거든요.
2. 당장 체중계의 건전지를 빼서 안 보이는 곳에 치우세요. 체중 변화를 예민하게 생각하면 다이어트에 더 안 좋은 영향을 미치게 돼요.
3. 하루 세 번, 균형 잡힌 식단으로 다른 사람과 같이 공개된 장소에서 먹거나 사진을 찍어 SNS에 공유하는 걸 추천해요. 폭식은 혼자 있을 때 많이 하기 때문이에요.
4. 간식도 괜찮아요. 다만 먹는 시간과 양을 정해놓고 드세요.
5. 집에 있을 때는 음식을 사 먹기보다는 요리를 해보세요. 요리를 하면 그 자체로도 집중하게 되면서 힐링이 되고, 식재료에 대한 이해도 높아져서 건강한 음식에 대해 생각하게 될 거예요. 이 책의 레시피들이 도움이 될 거예요.
6. 제 블로그나 SNS를 팔로우하면서 다이어트 정보를 공유하세요. 저처럼 SNS에 다이어트 일기를 써보는 건 어떨까요?
7. 인내하고 노력해서 절제한다면 분명 큰 보상이 기다리고 있다는 것을 믿으세요.♥

임신, 출산, 육아… 다이어트의 새로운 챕터가 열리다

제 옷장에는 아직 스몰(S, 55)부터 XL까지 다양한 사이즈의 옷이 있어요. 처음 살을 뺀 후에 다시는 살이 찌지 않을 거라 생각하고 큰 옷들을 기부했는데, 저는 조금만 스스로에게 관대해져도 금세 살이 찌는 사람이라는 것을 알고 난 뒤부터는 옷을 잘 버리지 않게 되더군요. 결혼 전에는 살이 좀 쪄도 혼자였기에 다시 식단 조절을 하고 운동을 하면 금방 원하는 몸으로 돌아갈 수 있었던 것 같아요. 그래서 큰 요요도 없었던 거죠.

2019년부터 2020년까지는 제 인생에서 여러 가지 크고 작은 변화들이 있었어요. 그때 제일 열심히, 아니 치열하게 운동했던 것 같아요. 창동에서 여의도까지 꽉 막히는 동부간선도로 왕복 60km를 왔다 갔다 하며 운동을 하러 다녔죠. 차 안에서 보내는 시간이 매일 3시간 이상이었지만, 5개월 동안 하루도 운동을 건너뛰지 않았고 옷장에 있는 제일 작은 옷들도 헐렁하게 입을 수 있는 몸을 만들었어요. 신랑과 데이트할 때도 맛있는 일반식을 많이 먹었지만, 운동했기에 살이 찌지 않았던 거 같아요.

그러다 결혼 준비를 하던 중 임신을 하게 됐어요. 너무 갑작스러웠죠. 임신 테스트기에 나타난 두 줄을 보고도 믿을 수 없어 병원에 달려가 피검사를 했고, 임신확인서를 받았어요. 기쁘지 않았고 나 어떡하냐며 엉엉 울었어요. 날씬한 몸으로 웨딩드레스를 입고 세상에서 제일 아름다운 공주가 되고 싶었는데…. 결혼식 날짜까지 남은 날을 생각하면 불가능할 것 같아 며칠 동안 우울했어요. 흰 바지도 자신 있게 입을 수 있고 아무 옷이나 대충 걸쳐도 자신감이 절로 생길 정도로 원하는 몸을 만들어놨는데 다시 살이 쪄야 하는 것도 싫었어요. 지금 생각하면 나은이에게 미안하지만 그땐 그랬어요.

처음에는 아무 변화가 없었죠. 살도 그리 찌지 않았고, 오히려 임산부 특권에 감사해지기 시작했어요. 살이 쪄도 "나는 임산부니까"라고 생각하며 누렸던 것 같아요. 그렇게 10개월, 나은이를 품는 동안 앞자리가 세 번이나 바뀌었어요. 오히려 정신을 차린 마지막 3개월 만삭 때는 3kg 정도밖에 늘지 않았어요. "임신했을 때 애 낳고 나면 다 빠져~"라고 주변에서 말하니 정말 그럴 줄 알았고, 나보다 4개월 먼저 출산한 사촌 정미 언니는 출산 전보다 더 살이 빠졌다고 하고, 18일 먼저 출산한 사촌동생 윤지도 2kg만 남기고 다 빠졌다고 하니 나도 그럴 줄 알았던 거죠.

출산하고 3일 후 체중계에 올라갔어요. 5kg이 내려가 있었죠. 나은이 무게 3.22kg을 빼면 1.78kg만 빠진 것. 이것도 양수나 오로 등이 빠진 걸 생각하면 결국 내 몸무게는 하나도 안 빠진 것 같아 막막하기 시작했지만 그것도 잠시. 몸이 아팠고, 아픈 와중에 아기는 말로 표현 못 할 만큼 예뻐서 살은 뒷전이었어요.

출산 후 3일째 되던 날 밤, 가슴이 붓고 딱딱하고 무거워지더니 열이 나기 시작하더군요. 간호사님께 말하니 모유가 돌기 시작했다고 해요. '애만 낳아봐~ 맥주를 벌컥벌컥 마셔야지!'라고 생각했는데 내 배 속에서 나와 나를 보고 배냇웃음을 짓는 천사를 보고 그 생각이 싹 사라졌어요. 그리고 모유수유를 시작했죠. 조리원에서 나오는 밥을 열심히 먹고 1시간 반에서 2시간마다 수유 콜이 왔어요. 간식도 하루 세 번이나 먹고 뒹굴거리다 수유하고 마사지를 받는 편한 생활이 이어졌어요. 하루하루 다르게 몸무게가 내려가기 시작했고, '오~ 모유수유 다이어트가 진짜였구나!' 싶었죠. 조리원에서 먹고 자고 마사지 받고 수유만 하는데 2주 동안 13kg이 빠지다니! 그곳은 정말 천국이 분명했어요. 임신 전 제 모습으로 금방 돌아갈 수 있을 거라고 확신했죠.

다이어트는 신경 쓸 틈 없는 독박 육아의 세계

조리원에서 나온 뒤에는 쓰디쓴 현실이 펼쳐졌어요. 엄마가 이틀 동안 함께 있어주신 것을 제외하고는, 3일째 되는 날부터 독박 육아의 시작이었어요. 조리원에서 나온 것처럼 밥, 국, 스페셜 요리(탕수육, 함박스테이크, 튀김 등 매일 특별한 요리가 나왔어요), 반찬 4개씩 챙겨 먹을 수도 없었죠. 틈나면 미역국에 대충 밥 말아 후루룩 삼켜야 했고 모유수유도 나름 열심히 했는데 조리원에서 빠진 몸무게에서 멈춰버린 거예요. '이상하다?' 열심히 검색하기 시작했어요. '모유수유 다이어트', '출산 후 몸무게 변화', '수유부 다이어트', '수유부가 먹어도 되는 체지방 커팅제'…. 괜히 만삭 때 딱 맞던 옷도 입어봤어요. 오히려 만삭 때 핏이 더 예쁜 모습일 정도였죠. '모유수유만 끝나면 다이어트를 해야지!' 또 한 번 다짐했어요.

모유수유가 끝났지만 육아의 레벨은 정말 높았어요. 생각한 것보다 훨씬! 어깨도 아프고 허리도 아프고 고관절도 아프고 골반도 아프고 손목도 아프고 무릎도 아프고 정신까지 아팠어요. 오빠가 퇴근해야 세수를 할 수 있고 나은이를 씻기고 재우고 난 후에야 늦은 저녁밥을 먹을 수 있었어요. 출산 후 삶의 원동력은 산후조리원 친구들이라고 하는데 코로나 시대라 그런 것도 경험하지 못했어요.

텔레비전에서 육아 프로그램을 보면 고생이 느껴져 공감하며 눈물을 펑펑 흘려요. 출산하고 다양한 프로그램에서 섭외도 왔어요. 하고 싶었지만 육아맘에게는 하고 싶어도 포기해야 하는 것들이 많아 혼란스럽기도 했죠. 아기를 낳아도 예쁜 옷 입고 화장하고 예쁘게 살겠다고 생각했지, 지금처럼 아기가 게워낸 분유 흘린 면티를 입고 다닐 줄은 몰랐으니까요. 배, 가슴 할 것 없이 탄력도 다 잃어버린 내가 되지 말자고 마음먹으며, 그런 여자들을 보면 '자기 관리가 안 돼서 그러지~ 왜 못 할까'라는 오만한 생각을 했던 거예요. 그런데 저는 지금 영락없는 그런 아줌마예요.

남편은 퇴근 후 그리고 주말에 많이 도와줘요. 그래서 저는 수요일만 되어도 신이 나더라고요. "아싸! 목요일, 금요일 6시까지만 참으면 금 토 일~ 오빠랑 함께 있는다!" 하며. 그럼에도 불구하고 정말 제 시간, 쉼의 시간이 없어요.

당연히 운동할 시간도 없죠. 나은이가 좀 더 자유롭게 밖에 나갈 수 있게 되면 유모차에 태워 산책이라도 해야지! 통잠이라는 것을 자게 되면 그때 홈트레이닝을 해야지! 좀 더 크면 어린이집에 가 있는 시간 동안 운동을 다녀와야지! 하는 생각들로 가득할 뿐이에요. 그렇다고 해서 나은이를 낳기 전으로 돌아가라고 하면 절대 싫어요. 저를 낳아 누구보다 소중하게 키워준 우리 엄마에게는 미안하지만 지금은 저보다 더 소중한 존재이니까요. 이런 말을 하는 것만으로도 금세 뭉클해지는 딸. 나은이는 맘마를 잘 먹는 편인데도 한 번 덜 먹으면 애가 닳고, 좀 더 먹으면 그렇게 기쁠 수가 없어요. 빵긋 웃어주면 더 웃게 만들어주고 싶어 딸랑이를 들고 열정적으로 흔들고 응애 한마디에 달려가는 엄마가 되었죠. 결혼도, 아내도, 엄마도, 육아도 모두 처음이라 매우 허접하지만 어찌저찌 최선을 다하고 있어요. 이 생활 속에서는 용감한 친정엄마가 생각날 때가 많고요.

나은이가 100일이 지난 후에는 조금 여유가 생겨서 다시 건강식을 꾸리고 있어요. 건강식은 곧 다이어트식이지요. 육아로 정신없는 와중, 새 책을 쓰면서 그동안 해 먹었던 다이어트 요리 레시피들을 정리하다 보니, 건강과 다이어트에 대한 열정도 다잡게 되더라고요. 그러면서 다시 한 번 성공을 다짐하게 됐어요. 이 책이 나온 시점에 저도 열심히 감량 중이겠네요. 몸과 마음을 건강하고 아름답게 다시 가꿔서 그 방법을 많은 사람들에게 공유할 저를 생각하니 벌써부터 대견하네요.^^

다이어트
무엇이든 물어보세요!

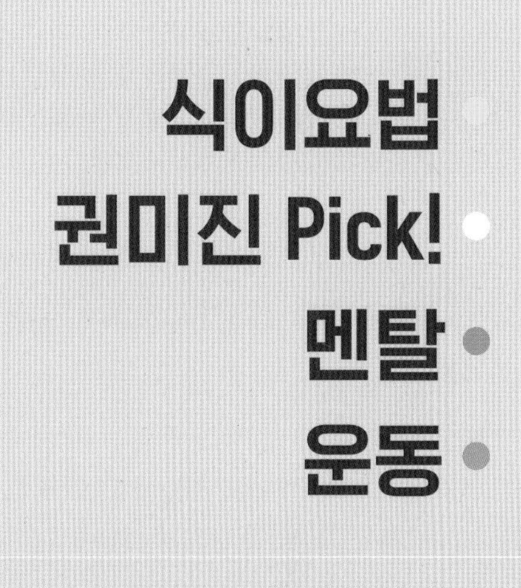
식이요법
권미진 Pick!
멘탈
운동

Q & A : 식이요법

다이어트라는 말 자체가 '식사', '식습관'이라는 뜻인 만큼 체중 감량에서 식이조절이 가장 중요하다고 할 수 있어요. 그런데 언제, 무엇을, 어떻게 먹어야 하는지 막막하시죠? 제가 받은 질문도 대부분 이런 종류랍니다. 여러분들이 가장 궁금해하는 질문을 정리해보았어요.

001 식구들 밥 차려주면서 다이어트를 하느라 너무 힘들어요. 적게 먹자니 육아에 힘이 빠지고요. 가족들을 잘 보살피면서도 식단 조절을 할 수 있는 방법이 있을까요? 조언해주세요.

A 따로 차린다는 생각보다 같이 먹는 메뉴로 건강하고 맛있게 만들어 먹으면 돼요!

예를 들어 칼칼한 장칼국수를 만들 때 밀가루면 대신 두부면으로, 김밥을 만들 때 흰밥 대신 메밀면을 사용하면 저칼로리 별미가 만들어져요. 이 책이나 제 블로그, 인스타그램을 보면 아시겠지만 건강식을 맛있게 만들거든요. 그럼 온 가족이 잘 먹어요. 밥은 내가 차리는 거니 내 마음대로 할 수 있잖아요.^^ 이 책에 있는 레시피를 활용해 요리해보세요. 책에 나온 것 이외에도 SNS에 업로드해드릴 테니 참고하면 좋아요.

002 요즘 채식에 관심을 두게 됐는데, 채식이 다이어트에 도움이 될까요?

A 채식 식단은 동물성 식품이 들어가지 않아 콜레스테롤과 포화지방이 상당부분 빠지기 때문에 당연히 도움이 돼요.

자연스럽게 섭취 칼로리가 줄어들면서 다이어트에 도움이 되고요. 다만 고기 이외에도 살찔 음식은 무궁무진해요. 고기를 먹지 않으면 오히려 밥, 빵, 떡 등 탄수화물에 집착할 수 있거든요. 흔히 말하죠? 코끼리도 초식동물이라고. 채식, 육식보다 중요한 건 균형 잡힌 식단을 적당히 먹는 거라고 생각해요. 그리고 근육을 위해선 적당한 단백질 섭취가 필수란 사실 잊지 마세요.

003 유난히 그 음식이 먹고 싶어지면 몸에서 그 영양소를 원하는 거라는 이야기를 들었어요. 그래서 대부분 제 몸이 원하는 걸 먹으려고 하는 편인데, 이 말이 정말 맞을까요?

A 체력을 소모해 에너지가 부족하면 단맛이 당길 수 있어요.

왜냐하면 에너지원을 만드는 포도당이 부족하기 때문이죠. 스트레스를 받거나 우울하면 매운맛, 칼로리나 영양소가 부족하거나 칼슘이나 마그네슘이 부족하면 짠맛, 피로할 땐 신맛이 당기죠. 특히 다이어트 중에는 음식 제한을 많이 해서 유난히 당기는 음식이 있는 것 같아요. 너무 참으면 과식하기 딱 좋아요. 적당히 다 먹는 게 좋다고 생각해요.

004 미진 님은 밥 먹고 돌아서자마자 곧바로 배고파지는 경험이 있었나요? 먹어도 허전한 느낌요. 이런 가짜 배고픔을 이기는 나만의 비결이 있을까요?

A 밥 먹고 돌아서자마자 배고파진 경험은 없지만, 밥 먹고 곧바로 다른 음식이 먹고 싶은 건 거의 매일이죠. ㅎㅎ

가짜 배고픔을 이겨내는 방법에는 무엇보다 의지가 가장 중요해요. 가짜 배고픔은 그 순간만 넘기면 금방 지나가니 연습할수록 참을 수 있을 거예요. 그전까지 힘들다면 좋은 간식을 적당량 먹어 잠재우는 것을 추천해요. 제품 추천 페이지(p.36)를 봐주세요. 몸에 나쁜 군것질보다는 건강한 군것질을 즐기는 게 훨씬 좋으니까요.

005 먹고 싶은 걸 못 먹으면 우울해져서 자주 다이어트에 실패해요. 다이어트를 하면서 가장 그만두고 싶을 때는 언제였나요? 그걸 어떻게 이겨냈나요?

A 규칙적인 생활과 다이어트를 하면서 체중 감량이 잘될 때는 그만두고 싶다는 생각이 들지 않았어요.

그만두고 싶을 때는 오히려 운동이나 식이요법 등이 무너지는 순간이었죠. 무너지더라도 다시 시작하는 게 중요해요. 누구나 그 생활을 반복하니 너무 낙심하지 말아요. 식단과 운동을 다시 시작하면 되니까요. 이겨냈다기보다는 아직도 저는 잘하다가 무너지는 생활을 반복 중이에요.

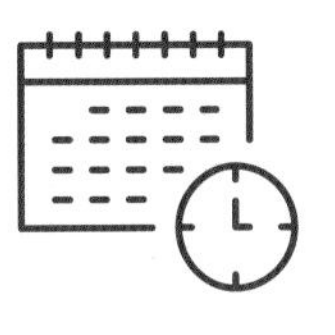

006 키토 식단 다이어트가 인기던데 혹시 미진 님도 해본 적 있나요? 키토식을 알아보니 지방은 많이 섭취해도 된다고 해요. 혹시 건강에 해롭지는 않을까요?

A 우연히 TV 채널을 돌리다가 〈지방의 누명〉이라는 다큐멘터리를 본 적이 있어요.

그 방송이 나간 후에 삼겹살, 버터 등의 품귀 현상이 일어났더랬죠. 많은 사람들이 키토제닉(저탄고지)에 관심을 가졌다는 증거겠죠? 저도 그중 한 명이었어요. 저 또한 샐러드를 먹을 때도 채소에 마요네즈와 후춧가루를 뿌려 부담 없이 먹을 수 있어서 좋았어요.ㅎㅎ 기름기 있는 고기 부위를 먹을 수 있는 것도 참 좋았고요. 하지만 저와는 맞지 않아서 금방 그만두었어요. 양 조절을 못 하겠더라고요.
예전에 〈황금알〉이라는 프로그램에 출연했을 때 키토제닉으로 다이어트에 성공하신 의사 선생님이 계셨어요. 그분은 저와 다르게 키토제닉이 너무 잘 맞아서 체중 감량에 성공하셨더라고요. 그분은 반대로 다른 다이어트를 했을 때 다 실패하셨대요. 고지방 식이요법이 잘 맞아떨어진 거죠. 사람의 몸과 체질은 제각기 달라서 키토제닉이 잘 맞는 사람에게는 잘 맞고, 안 맞는 사람에게는 안 맞는답니다. 자신에게 맞는 다이어트 방법을 찾는 게 가장 중요한 것 같아요.

007 모유수유가 다이어트에 좋다던데 정말 인가요? 모유수유를 하면 그만큼 많이 먹어야 하는 거 아닌가요?

A 딸을 낳고 3일째 되는 날 밤에 가슴이 무겁고 뜨거워졌어요.

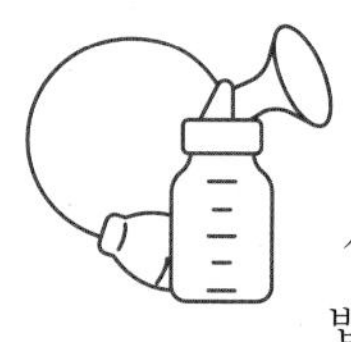

무지 아팠고요. 바로 젖이 도는 것이었죠. 그날부터 모유수유를 시작했고, 조리원 생활 2주 동안 밥을 잘 먹는데도 체중이 내려가서 '모유수유를 하면 다이어트가 된다는 말이 정말 이구나' 싶었어요. 모유수유를 하면 매일 500kcal 정도를 더 섭취해야 하는데, 모유수유를 한다고 해서 무조건 빠지는 건 아닌 것 같아요. 저는 모유수유를 한 달만 할 수 있었는데 조리원에 있는 2주 동안은 몸무게를 달아보면 체중 감량이 잘되는 것 같더니 집에 와서는 그냥 멈췄어요.

임신 전, 출산 전보다 기초대사량 자체가 줄어들었기 때문에 모유수유로 칼로리를 소모한다고 해도 어쨌든 500kcal를 더 먹어서 '쌤쌤'이 된 것 같아요. 그리고 조리원에서는 마사지도 매일 받을 수 있었고 건강한 저염식만 나오잖아요.

그런데 집에 와서 아기 돌보미 이모님도 안 쓰고 혼자 육아를 하는 저로서는 초반에 건강한 식단으로 챙겨 먹기가 쉽지 않았어요. (물론 지금은 익숙해져서 이 책에 소개한 요리들로 식단을 짜고요.) 이 질문에 좀 더 정확한 대답을 하고 싶어서 1년을 완모한 엄마에게도 물어보고, 자식 넷을 모두 1년씩 완모한 지인에게도 물어봤어요. 그들의 대답은 "모유수유를 한다고 해서 살이 무조건 빠지는 건 아닌 거 같다"였어요. 오히려 단유를 한 엄마들이 다이어트 식단을 하면서 살이 빨리 빠졌다고 하더라고요. 이 말에 저도 공감해요! 실제 연구에서도 수유부와 비수유부의 출산 후 체중 감량에는 차이가 없었대요. 수유를 하고 나면 식욕이 증가하고 권장량보다 더 먹기 때문이에요.:) 어렵지만 건강한 식단을 챙기는 노력이 중요한 것 같아요.

008 다이어트 보조제가 도움이 될까요? 카테킨, 가르시니아 등 항상 챙겨 먹고 있는데 큰 변화를 못 느꼈어요.

A 큰 변화를 느끼려면 식단 조절과 운동을 병행해야 하는 건 당연해요.

챙겨 먹는다고 해서 몸에 큰 변화가 일어나는 그런 약은 세상에 없어요. 하지만 확실하게 도움은 됩니다. 저 또한 식약처에서 공식 인정받은 굉장히 많은 종류의 제품들을 먹어요. 단, 보조의 개념으로 챙겨 먹고 있어요. 가장 중요한 것은 꾸준히 잘 챙겨 먹어야 한다는 것이고요.

009 아이를 낳고 육아를 하면서 피부가 부쩍 거칠어졌어요. 피부가 좋아지면서 피로 회복도 되는 건강 레시피가 있다면 소개해주세요.

A 이 책 178쪽에 있는 생연어오렌지아보카도샐러드 레시피를 추천드려요.

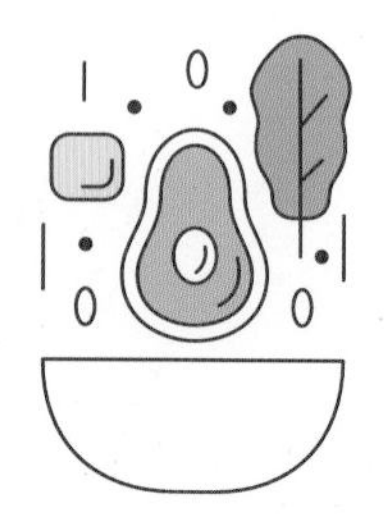

피로 회복, 피부에 도움이 되는 음식이거든요.^.^ 그리고 알록달록 색도 예쁜 파프리카를 챙겨 드시는 것도 도움이 될 거예요. 파프리카에는 천연색소 카로티노이드가 들어 있는데 이 성분이 인체에서 비타민A로 전환되어 피부 세포를

둘러싸고 있는 얇은 지질의 손상을 막아주는 역할을 하거든요. 잘 익은 붉은 토마토에 함유된 라이코펜도 항산화 효과로 피부 보호에 효과적이니 챙겨 드시는 걸 추천해요.

010 주중에는 열심히 다이어트를 하는데, 주말 치팅데이에 너무 몰아서 먹으니 살이 안 빠져요. 치팅데이를 잘 보낼 수 있는 방법이 있다면 알려주세요.

A 치팅데이를 어떻게 보내느냐에 따라 다이어트에 도움이 될 수도 있고 망칠 수도 있어요.

주중에는 잘하다가 주말에 치팅데이랍시고 과식하면 실컷 줄여놓았던 위가 다시 늘어나 원래 식단으로 돌아가기까지 강한 의지가 필요하거든요.
제 경우는 치팅데이를 미리 정해둬요. 그리고 먹고 싶은 음식이 생각날 때마다 메모를 해두었다가 그 음식을 실제로 먹어요.:) 대신 그날 전까지는 잘 지켜요. 그럼 만족도가 훨씬 높더라고요. 바짝 다이어트를 할 때는 일주일에 한 번이 아닌 2주일에 한 번만 해요. 일주일에 한 번 치팅데이를 가지면 제자리걸음이 되거나 체중 감량 속도가 너무 느리거든요. 아! 치팅데이 때는 절대 혼자 먹지 않고 누군가와 함께 먹는답니다~ ^_^

011 정말 술을 좋아하는 애주가입니다. 소주, 맥주, 양주, 막걸리 주종을 가리지 않고 좋아해요. 특히 맛있는 안주와 어울리는 술을 같이 먹는 재미에 빠져 20kg 이상 쪄버렸어요. 술 중에서 그나마 살이 안 찌는 술이 있을까요? 어떻게 술을 마셔야 그나마 덜 찔까요? 단호하게 끊지는 못하겠어요.

A 술을 끊기는 정말 어렵죠. 육아하는 엄마들은 '육퇴' 후 마시는 맥주 한잔, 또 직장인들은 퇴근 후 마시는 시원한 맥주 한 잔이 얼마나 달콤한지 잘 알 거예요.

물론 인간은 사회적 동물이라 사회생활을 하다 보면 친구 모임이나 회식 같이 피할 수 없는 술자리도 종종 생기지요. 사실 알코올은 영양 성분이 없어 에너지로 쓰지 못해요. 그래서 몸속에 저장되지 않고 방출되고요. 그런데 왜 살이 많이 찌냐고요? 안주와 만나면 술이 가진 열량이 발생하기 때문이죠. 술만 마시고 안주는 안 먹으면 오히려 몸무게는 빠져요. 다만 근육과 이별할 마음의 준비는 필수이고요.^^; 술을 마실 때 안주에 신경 쓰면 그나마 살이 덜 찔 거예요.^^ 회나 샐러드, 두부김치(김치는 보통 양의 절반만 먹어요) 등으로요. 그러나 그나마 덜 찐다는 것이지 안 찌지는 건 아니랍니다. 술도 치팅데이처럼 하루 정해두고 마시는 건 어떨까요?

012 다이어트를 하면서 가장 먹고 싶었던 음식이 어떤 거였나요?

A 저는 기름진 고기랑 빨갛게 비벼 먹는 비빔밥이 제일 먹고 싶었어요.

그래서 〈개그콘서트〉 '헬스걸' 마지막 녹화가 끝나자마자 고기와 비빔밥을 먹을 수 있는 식당에 갔어요. 고기를 신나게 굽고 비빔밥을 비벼 먹다가 엉엉 눈물이 터져버렸어요. 너무 맛있어서 감동이 밀려와 운 게 아니라, 배 터지게 먹을 작정으로 갔는데 위가 작아져서 고기도 몇 점 못 먹고 비빔밥도 몇 숟가락 못 떠서 배가 불러버렸거든요.

013 직장인입니다. 점심 도시락을 매번 쌀 수가 없어서 가끔 동료들과 일반식을 먹기도 하는데 그러면 왠지 그날 다이어트를 망친 기분이에요. 도시락을 쌀 수 없을 때 대체할 만한 일반식 다이어트 메뉴는 뭐가 있을까요?

A 일반식이라도 무조건 다이어트를 망치는 건 아니에요.

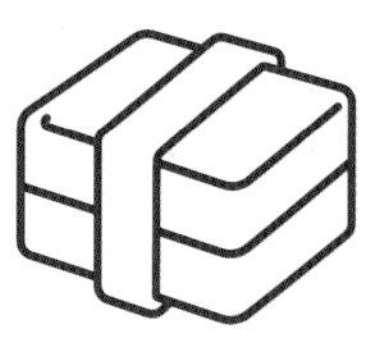

먹을 수 있는 메뉴가 정말 많아요. 일반식에서 살짝만 조절해준다면요. 갈비탕, 순두부찌개, 된장찌개, 육회비빔밥, 마파두부덮밥, 회덮밥 등 다 먹어도 돼요. 이때 밥을 1/2공기만 먹는 거죠. 샤브샤브도 좋고 월남쌈도 훌륭한 외식 메뉴죠. 보쌈이나 생선구이, 구워 먹는 고기도 좋아요. 고기를 일반적인 크기의 절반으로 잘라서 쌈채소에 싸 먹는 거 OK! 햄버거도 빵 한쪽을 빼고 먹으면 좋고요~ 피클이나 할라피뇨처럼 조미가 된 채소는 빼달라고 요청하면 거의 모든 곳에서 빼주더라고요. 이렇게 작은 변화만 주면 못 먹을 건 없어요.

014 저희 집에는 저울이 있어서 이왕 먹는 거 저울로 정확히 측정해 단백질을 먹고 싶은데요, 단백질을 얼마나 먹어야 하나요?

A 단백질은 본인 몸무게 1kg당 1g 이상 섭취하는 게 좋아요.

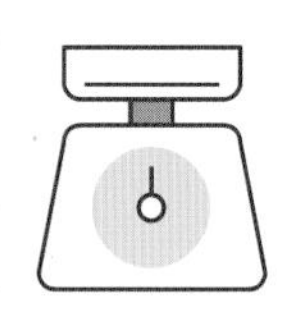

우리 몸에서 일정량 사용 후 남은 단백질은 저장되지 않고 모두 분해되기 때문에 한꺼번에 많이 섭취하는 것보다 적당량 나눠서 매일 꾸준히 섭취하는 것을 추천해요.

015 폭식증, 절식증 같은 식이장애는 어떻게 극복하셨나요?

A 안 먹을 때는 아예 안 먹는데 한번 입이 터져서 먹으면 끝없이 먹어요.

먹고 나서는 내가 돼지처럼 왜 이러나 싶어 비참할 거예요. 심할 때는 목구멍으로 넘어올 정도로 먹고 살이 찔까 봐 손가락을 넣어 토하고, 토가 잘 안 나올 때는 칫솔로 목구멍을 깊숙이 찔러 억지로 토를 하죠. 장청소제를 먹고 다 싸려고 할 거고요. 장청소제도 칼로리를 보고 스트레스를 받을 거고요. 또 그러는 내 모습에 자괴감이 들겠죠. 뭐 하는 짓인가 싶어 다시는 그러지 말아야지 다짐하지만 또 그럴 거예요. 너무 속상해하지 마세요. 저 이야기는 지난날의 제 모습이에요.^^ 그리고 우리 주변에 살고 있는 아주 평범하디 평범한 많은 여성들의 고민일 거예요. 제가 폭식증에서 벗어나기 위해 맨 처음 한 일은 절식을 하지 않는 것이었어요. 아침, 점심, 저녁으로 먹고 싶은 음식을 먹고 사이사이 간식까지 잘 챙겨 먹었어요. 그러다 보니 신기하게도 폭식 횟수가 줄어들더라고요. 바로 확 줄어든 건 아니고 매일매일 폭식하다가 이틀에 한 번, 일주일에 한 번, 보름에 한 번, 한 달에 한 번 이렇게요. :) 그리고 식단 일기를 썼어요. 누가 제 일기장을 보는 것도 아닌데 일기장에 잘 쓰고 싶어서 잘 지키게 되더라고요. 주변에 이런 식이장애로 고민하고 있는 친구들이 생각보다 훨씬 많으니 그 친구들과 공유해보세요. 폭식증 동지들과 공유하다 보면 음식에 대한 집착이 조금씩 사라지게 됩니다. 또 혼자보다는 누군가와 함께 식사했어요. 폭식이라는 것이 혼자 있을 때 하게 되더라고요. 음식에 대한 집착이 사라져야 끔찍한 폭식증이 사라진다는 걸 오랜 시간 경험한 후 깨달았어요.

016 혼자 살아서 채소를 사면 먹는 것보다 버리는 게 더 많아요. 특히 양상추는 왜 이렇게 빨리 시드는지…. 채소 보관 방법 부탁드려요.

A 샐러드 채소는 잎채소이기 때문에 원래 보관이 어려워요.

그래도 좀 더 오래 보관할 수 있는 방법이 있어요. 양상추는 밀폐용기나 지퍼팩에 담아 보관하는 것이 제일 오래가요. 밀폐용기에 담을 경우 양상추의 물기를 잘 제거하고 밀폐용기 위아래로 키친타월을 깔고 덮어서 보관해보세요. 지퍼백에 담아둘 경우에는 양상추 중간중간 키친타월을 넣어 공기를 최대한 빼서 압축해두면 좀 더 오래가요. 다른 채소들을 보관할 때도 마찬가지! 참~ 양배추는 차가운 물에 담가 냉장고에 보관하면 3~4일은 아삭아삭하게 즐길 수 있어요. 그때그때 손질해서 먹는 게 영양 손실도 최소화되고 좋긴 해요.

017 저녁 6시 이후로 먹지 말라고 하잖아요. 그래서 안 먹으려고 노력하는데 약간 지쳐요. 어떡하죠?

A 저녁 6시 이후에는 아무것도 먹지 말라는 것이 다이어트계의 불문율이지만 이것은 11시쯤 잠드는 사람들의 기준에 맞춰진 거예요.

잠자는 시간은 모두 다르니 같은 원칙을 적용하는 것은 무리라는 생각이 들어요. 잠들기 전 5시간을 기준으로 정해보세요.^^ 그 5시간 사이에 배가 너무 고프거나 너~~~무 먹고 싶을 수 있죠. 그때는 얼음을 먹었더니 도움이 되더라고요~ 그냥 얼음은 심심하니 레몬이나 오렌지, 자몽 등의 새콤한 과즙을 살짝 첨가해 얼려둔 얼음을 드셔보세요. 식욕을 물리치는 데 효과가 좋아요.

018 누구는 간헐적 단식이 좋다고 하고, 또 누구는 배고프지 않게 중간중간 조금씩 먹는 게 좋다고 해요. 어떤 게 좋나요?

A 무엇이 더 좋다고 답할 수 없을 것 같아요.

본인의 라이프스타일을 체크해서 더 잘 맞는 방법을 선택해보세요. 저마다 얼굴도 다르고 체질도 다른 것처럼 한 가지 방법이 절대적으로 맞다고는 할 수 없거든요. 2가지 방법을 다 해보세요^.^ 그럼 내 몸에 더 잘 맞는 방법이 있을 거예요. 제 경우에는 허기를 느끼지 않게 조금씩 자주 먹고 가끔 치팅데이를 즐기는 다이어트가 잘 맞더라고요. 간헐적 단식을 했을 때는 이 한 끼를 먹고 나면 한참 동안 못 먹는다는 생각에 폭식을 하는 경우가 대부분이었어요.

019 다이어트를 시작하면 탄수화물을 끊으라고 하잖아요. 탄수화물이 안 좋은 건가요?

A 탄수화물은 비만을 일으키는 주원인이 아니라 비만에서 벗어날 수 있는 중요한 요소예요.

그런데 탄수화물이 비만을 일으키는 주원인으로 지목되면서 환영받지 못하는 영양소가 된 것이 참 속상한 1인이에요. 탄수화물은 우리 몸에 꼭 필요한 영양소이거든요. 탄수화물을 먹으면 세로토닌이 분비되어 기분이 좋아지고 식욕에 대한 강박증을 잠재우는 데도 도움이 돼요. 하지만 과다 섭취하면 에너지원으로 사용되지 못한 칼로리가 체내에 남아 체지방으로 전환되어 비만은 물론 당뇨병, 심장병, 각종 암, 치매 등을 유발해요. 과한 탄수화물 사랑도 지나친 저탄수 식단도 모두 잘못된 거예요.

020 어떤 탄수화물을 먹어야 하나요?

A 질 좋은 탄수화물을 먹어야 해요.

빨리 흡수되는 단순당은 되도록 피하고, 복합 다당류가 질 좋은 탄수화물이에요. 고구마, 감자, 단호박, 귀리, 그리고 수용성 식이섬유가 풍부하고 포만감이 큰 현미나 보리, 비타민 섭취까지 도와주는 과일도 질 좋은 탄수화물이죠. 탄수화물을 많이 먹었다 싶을 때는 식초를 물이나 탄산수에 타서 마시는 것을 추천해요. 과한 탄수화물 섭취로 인해 갑자기 혈당이 치솟는 것을 막을 수 있거든요.

021 물은 하루에 얼마나 마셔야 하나요?

A 성별에 따라 조금 차이가 있고 같은 성별이라도 체격과 건강 상태에 따라 다르지만 성인은 대략 2*l*를 마시라고 해요.

하루 물 섭취량 = (키 + 몸무게) / 100 이렇게 계산해보세요. 제 남편 키가 184㎝이고 몸무게가 80㎏인데, 하루 2.64*l*를 마셔야 하는 것이죠. 한 번에 꿀꺽꿀꺽 마시는 것보다는 수시로, 조금씩 자주 마시고, 식전 30분, 식후 30분, 식사 도중에는 물을 피하는 것이 좋아요. 왜냐하면 음식물과 함께 물이 들어가면 인슐린 분비를 자극하고 소화를 방해해 살찌기 쉬운 체질로 바뀌기 쉽거든요.

022 다이어트를 할 때 적당히 먹으라고 하는데 '적당히'가 도대체 얼마만큼이에요? 다이어트를 하는 분들을 보면 저울에 달아서 먹던데 그렇게 해야 하나요?

A 저도 아직까지 저울이 없어요.^^ 그럼 어떻게 하냐고요?

우리에게는 손이 있잖아요~ 내 손이 저울이 되는 핸

드 다이어트! 탄수화물은 손을 알파벳 C 모양으로 오므렸을 때 그 안이 꽉 찰 만큼, 지방은 엄지손가락 길이만큼, 단백질은 손가락을 제외한 손바닥 두께와 크기만큼, 과일은 꽉 쥔 한 주먹 크기만큼 먹으면 돼요.

023 건강한 간식을 먹더라도 조절하며 먹는 꿀조언이 있을까요?

A 건강한 간식이라 해도 열량이 있게 마련이에요.

그래서 음식을 조절해서 먹을 때와 마찬가지로 처음부터 덜어 먹는 거예요. 조금만 먹겠다는 생각으로 먹지만 음식이 입으로 들어가면 계속 먹게 되거든요. 그래서 결국 바닥을 긁고 있죠. 먹다가 멈추겠다고 생각하지 말고 처음부터 먹을 양을 정해 덜어 먹는 게 좋아요. 다 먹었는데 더 먹고 싶어 추가로 먹을 때도 '에라 모르겠다'며 봉지째 꺼내 먹지 말고 '덜어 먹기' 잊지 마세요~ 처음부터 한 번 먹을 양을 소분해두는 것도 좋아요.

024 아이스크림을 너무 좋아해요. 당연히 줄여야겠죠?

A 당연한 말씀! 아이스크림, 초콜릿, 케이크, 사탕 등의 단 음식은 살이 많이 찌기로 소문난 고지방, 그러니까 곱창, 삼겹살 등의 동물성 지방을 먹는 것보다 지방으로 더 잘 쌓여서 살도 더 잘 찐다는 사실을 아시나요?

그렇게 찐 살은 잘 빠지지도 않아요. 이 점을 기억하시고 꼭 줄이셔야 해요.

025 다이어트를 하더라도 한 번씩은 음주를 하게 되는데 음주 후에 운동해도 되나요?

A 좋아하는 사람들과 술을 마시며 분위기를 즐기는 거 너무 신나죠~ 저도 참 좋아해요.

음주 후에는 몸 상태를 잘 체크해야 해요. 무리한 운동은 오히려 독이 되니 스트레칭이나 가벼운 걷기로 몸을 풀어 순환에 신경 쓰는 게 좋고요.

026 음주 후 해장으로는 어떤 음식이 다이어트에 좋을까요?

A 올바른 해장은 나트륨이 많은 국물 요리를 먹는 게 아닌 수분 보충!

그냥 물을 마시는 것도 좋지만 칼륨 성분이 풍부한 코코넛 워터를 마시면 부기를 빼는 데 좀 더 도움이 될 거예요. 그리고 술 약속이 잡혀 있다면 마시기 전후 식단에 더 신경 쓰는 게 좋아요. 술을 마실 때는 열량을 오버해서 섭취할 수밖에 없을 테니까요.

027 텔레비전에서 다이어트를 할 때 우리 몸에 효소가 중요하다고 하던데 효소가 어떤 작용을 하는지 궁금합니다.

A 효소는 원래 체내에서 자연적으로 생성되는 물질이지만 20대 → 60%, 30대 → 50%, 40대 → 40%, 50대 → 30%, 60대 → 20%, 70대 → 10% 이렇게 나이가 들수록 체

내 효소량이 감소하거든요~.

특히 현대인은 군것질을 많이 하는 습관이 있어서 음식물의 소화와 흡수에 너무 많은 효소가 낭비되는 경향이 있어요. 간혹 과식한 후에는 소화 이외에 다른 일을 하기 위한 효소가 하나도 남아 있지 않은 경우도 있다고 해요. 원활한 소화를 위해 연령에 따라 체내 효소를 관리해주는 것이 필요한데, 효소는 열에 약해 쉽게 파괴되기 때문에 일상적인 식사를 통해 보충하기 어려워요. 그래서 효소 식품의 섭취를 통해 부족한 효소량을 보충하는 것이 좋다고 생각합니다. 저도 효소 제품을 챙겨 먹은 지 1년이 넘었네요.

028 참지 못하고 먹었을 땐 어떻게 했나요?

A 저는 유해성을 최소화하려고 노력해요. 저염, 저칼로리, 적당한 양만 먹고 산다는 것은 비현실적이잖아요. 저도 다이어트를 입에 달고 살면서 가끔, 아니 자주^^; 다이어트에 취약인 음식들을 먹을 때가 있는데, 아니 많은데^^; 그때 특정 음식과 함께 먹으면 유해성을 최소화하는 데 도움이 돼요. 고지방 음식을 많이 먹으면 몸에 중성지방이 과해져요. 그래서 혈액순환이 느려지는데, 이때 항산화물질이 풍부한 포도와 함께 먹으면 악영향을 줄일 수 있어요. 고기로 지방을 섭취했을 땐 포도보다는 방울토마토를 추천해요~ 고기와 포도가 합쳐지면 당분이 과하거든요. 짠 음식을 많이 먹으면 초콜릿을 먹어 혈압을 낮춰주는 게 좋아요. 단, 60% 이상의 카카오 성분이 함유된 초콜릿으로 먹어야 하고요! 탄수화물이 과했다 싶을 때는 식초를 마셔서 갑자기 치솟는 혈당을 막아주세요.

029 몸에 좋은 지방을 챙겨 먹으라고 하는데 몸에 좋은 지방은 뭔가요? 막연하네요.

A 상온에서 하얗게 굳느냐 액체로 존재하느냐로 생각하면 돼요.

삼겹살이나 곱창의 지방처럼 하얗게 굳는 지방을 과하게 먹으면 몸에 해롭지만, 상온에서 액체로 존재하는 올리브유나 참기름 등이 좋은 지방이라고 생각하면 쉬울 것 같아요.

030 왜 천천히 먹으라고 하는 건가요? 같은 양을 먹으면 상관없는 거 아닌가요?

A 정해진 양만 먹으면 같은 칼로리를 먹으니까 큰 상관은 없겠지만 천천히 먹으라고 하는 이유는 따로 있어요.

바로 진짜 위는 뇌에 있기 때문이지요. 빨리 먹게 되면 일시적으로 공복감을 없앨 수는 있지만, 뇌가 배부름을 느끼기까지 20분 이상 걸리기 때문에 배가 불러도 부족하다고 느껴져 과하게 먹는 경우가 많아지게 마련이에요. 그래서 꼭꼭 씹어서 천천히 먹으라고 하는 거예요. 천천히 먹는 게 쉽지 않다면 수저를 어린이용으로 바꿔보세요. 일반적인 크기의 수저를 사용할 때보다 음식을 먹는 시간도 길어지고 여러 번 떠먹게 되어 더 많이 먹고 있다고 뇌를 속이기 쉽거든요.

031 칼로리를 계산해서 음식을 먹는지 궁금해요.

A 칼로리는 분명 중요하지만 저는 칼로리 계산을 하면서 먹지는 않아요.

그래서 제 책에는 칼로리가 표기되지 않았고요. 오랜 시간 다이어트를 해보니 어떤 음식이든 적당히 먹는 게 중요하지 너무 사소하게 따지다 보면 머릿속이 복잡해지고 다이어트가 더 어려워지더라고요. 칼로리를 따지는 것도 좋지만 칼로리보다 더 중요한 성분을 따져봐요. 가장 우선으로 보는 건 1회 제공량과 당의 종류. 보통 음료 100*ml*를 기준으로 2g 정도면 좋은 정도라 보고 5g은 평균, 그 이상은 당분이 높다고 생각하면 좋을 것 같아요. 그리고 'not bad'인 꿀이나 조청, 결정과당, 올리고당, 아가베시럽, 에리스리톨, 비정제 설탕, 'bad'인 정백당(백설탕), 콘시럽, 물엿, 아스파탐, 액상과당인지 봐주세요. 또 포화지방이나 트랜스지방 함량이 높다면 내려놓는 게 좋아요.

032 기름진 음식을 먹을 때는 탄산음료를 마시지 말라고 하던데, 이유는 얘기 안 해주고 마시지 말라고만 하니 더 마시고 싶어요!

A 기름진 음식을 먹을 때 탄산음료를 함께 마시면 영양소 불균형 문제도 있지만 섭취량이 더 늘어나요.

탄산음료를 한입 마시면 느끼함이 사라지는 거 경험해보셨죠? 또 탄산음료에 들어 있는 당분이 혈당을 급격히 올렸다가 급격히 떨어뜨리기를 반복하면서 공복감이 상승해 비만을 초래하거든요.

033 저는 국밥이 소울푸드예요! 그런데 국에 밥을 말아 먹는게 안 좋다고 하던데 맞나요?

A 국에 밥을 말아 먹지 말라고 하는 이유는 간이 되어 있는 국이나 찌개는 나트륨 함량이 높기 때문이에요.

국에 밥을 말아 먹으면 밥이 짠맛을 희석해 짜다고 느끼지 못하게 되어 반찬을 더 먹게 되고, 그러면 나트륨을 2배 이상 섭취하기 쉬워요. 짠맛은 식욕을 증진하기도 해서 말아 먹지 않는 게 좋다고 하는 거예요. 저는 국물을 어떻게 만들었냐에 따라 말아서 먹기도 해요. 대신 반찬을 잘 곁들이지는 않고, 국밥만 먹기 심심하다면 샐러드를 함께 먹어요. '후룩~' 넘기기보다는 밥알을 꼭꼭 씹는 것도 중요해요.

034 힘든 일과를 마치고 집에 들어가면 머리는 아니라고 하는데 몸은 맥주에 치킨을 먹어요. 어떻게 하면 좋을까요?

A 진짜 배고픔인지 거짓 배고픔인지 잘 생각해보세요.

저녁을 먹어서 배가 고프지는 않은데 괜히 입이 심심해서 뭔가 먹고 싶은 것은 가짜 배고픔이죠. 사실 힘든 일과를 마친 후에 보상을 받고 싶은 경우가 많아요. 저는 그럴 때 괜히 맛있는 것이 먹고 싶은 제 감정의 흐름을 끊어주기 위해 다른 행동을 해요. 제일 효과 있었던 방법은 바로 샤워! 샤워를 하고 나면 지금 치킨을 주문해도 1시간 후에 올 테고, 그때 주문해서 먹고 양치하려면 내일 또 출근해야 하는데 잘 시간이 부족해서 참게 될 거예요. 그리고 먹은 후에 나를 생각해보세요. 야식을 배

부르게 먹은 후에 후회한 적이 더 많았죠? 먹으면 또 후회할 건 불 보듯 뻔한 이야기!

035 먹고 싶은 거 참지 않고 먹은 다음 날 어떻게 관리했나요?

A 과식 후 다음 날은 쫄쫄 굶어버리는 사람들이 많더라고요.

하지만 그 방법은 비추천! 이러한 식습관이 계속될 경우 기초대사량이 떨어지고 위산 분비량은 많아져서 역류성 식도염을 초래할 수 있어요. 그래서 저는 굶지 않고 끼니를 소량이라도 챙겨 먹어요. 양심상 전날 너무 과하게 먹었다 싶으면 꼭! 많이 움직이려고 노력해요.

036 술 마신 후에 꼭 탄수화물이 당겨요. 특히 아이스크림요! 어떡하죠?

A 저 이 질문에서 큭큭 하고 웃었어요. 제 이야기거든요. :)

술을 먹으면 자기 의지와 상관없이 몸에서 탄수화물을 억제하는 호르몬이 줄어들기 때문에 자연스럽게 탄수화물을 찾을 수밖에 없어요. 호르몬이라는 것이 생각보다 강해서 우리의 다이어트 의지를 지속적으로 꺾으려고 하거든요. 그래서 술 취하면 아이스크림 먹고, 과자 먹고, 라면도 끓여 먹고 그러는 거예요~ 이건 저와 결이 다르게 뚱뚱했던 적도 없고, 아직 다이어트를 해본 적도 없는 신랑도 마찬가지더라고요. 그날은 먹더라도 다음 날까지 먹지 않으면 괜찮아요. 그리고 술을 한 잔 마시면 물을 꼭 한 컵 마셔보세요. 술이 몸에 흡수되는 것을 물이 방해하고, 체지방으로 축적되기 전에 배출해주거든요.

037 닭가슴살 종류가 너무 많아요. 선택 팁 좀 주세요.

A 100g당 나트륨 120㎎ 이하의 제품을 추천해요.

전자레인지에 돌리기만 하면 바로 먹을 수 있는 닭가슴살들이 정말 많죠. 그런데 아무 제품이나 골랐다간 그냥 햄을 먹는 게 나을 수도 있어요. 퍽퍽하지 않게 하려고 염분이나 소스를 첨가하면서 나트륨이 햄보다 높은 것들도 있거든요. 나트륨 수치를 확인하는 것이 팁이에요.

038 친구들을 만났을 때 안 먹으면 재수 없다고 말해요. 적당히 맞춰주다 보면 나중에 꼭 후회를 하는데, 이럴 때는 어떻게 하면 좋을까요?

A 제 주변에는 이해해주는 지인들이 많았어요.

그래서 저를 배려해서 메뉴를 선택하곤 했어요. 이것이 불가능할 때도 당연히 있었죠. 그땐 1/2로 잘랐어요. 예를 들어 삼겹살을 먹어도 다른 사람들 한 입 크기를 반으로 자르고, 상추 등 채소를 많이 먹었어요. 똑같은 양을 먹는 것처럼 보이지만 다른 사람의 절반을 먹는 거예요. 이렇게 하려면 굽는 역할을 담당하는 게 좋아요.^^

039 다이어트 중인데 한 끼는 탄수화물로 식빵을 먹어도 될까요?

A 많이 받는 질문 중 하나가 "이거 먹어도 돼요?", "먹으면 살찌지 않아요?"예요.

제 대답은 항상 같아요. 네~ 먹어도 돼요. 다이어트를 한다고 해서 못 먹는 음식은 없어요. 식빵을 먹는다고 해서 살찌는 것이 아니라 과하게 먹기 때문에 찌는 겁니다.

040 저는 정말 밥을 좋아해요. 반찬은 잘 안 먹어도 밥은 꼭 먹어야 해요. 밥을 먹으면서 다이어트를 할 수 있는 방법이 있을까요?

A 밥을 안 먹을 수 있나요? 저도 밥을 좋아하고 꼭 먹어야 해요.^^

흰 쌀밥보다는 잡곡밥을 먹는데요~ 백미 1에 현미 3 비율로 지어 먹을 때가 가장 많아요. 거친 현미의 식감을 싫어하는 분들은 거친 식감이 적은 찹쌀현미를 추천하고요. 현미 대신 콩을 넣기도 하고 귀리, 메밀, 보리 등을 넣어 잡곡밥을 짓거나 곤약쌀을 넣는 것도 칼로리를 줄일 수 있는 좋은 방법이에요. 뿌리채소를 넣어 지어도 맛있고요. 백미밥을 바꾸는 것이 식단의 기본이라고 할 수 있어요.

041 샐러드를 먹을 때 드레싱이 없으면 도저히 못 먹겠어요. 드레싱을 먹으면 안 될까요?

A 아니오~ 드레싱을 먹어도 됩니다. 풀도 맛있게 먹어야죠~ 드레싱도 안 먹으면서 다이어트를 하면 무너지기도 더 쉬워요.

무슨 대회에 나갈 선수가 아니니까요.^^ 저는 드레싱을 만들어 먹었어요. 드레싱을 만들기 어렵다면 그냥 그릭요거트를 뿌려 먹거나 그릭요거트에 과일이나 참깨만 조금 넣어 갈아도 훌륭한 드레싱이 돼요. 꿀 1T에 다진 아몬드 1/2T, 매실액 2T에 레몬즙 1T 이런 식으로 쉽게 만들 수 있지요(177쪽, 187쪽을 참고하세요). 이것도 번거롭다면 올리브유를 사용하는 오리엔탈이나 발사믹 드레싱을 사 먹어도 좋아요.

042 먹고 싶은 것을 악착같이 참아가며 살을 뺐는데 더 늙어 보여 속상하네요. 밥량을 줄이고 일체의 간식도 먹지 않고 라면, 커피도 끊고 낮잠도 안 자며 서럽게 다이어트를 했는데 지방보다는 근육이 많이 빠진 거 같고 피부 탄력이 없네요.

A 슬프지만 당연한 결과입니다. 반대로 하시면 체지방은 빠지고 근육은 붙을 것이고 피부 탄력도 생겨서 더 젊어 보이실 거예요.

악착같이 참지 마시고 밥도 영양소 탄탄하게 잘 챙겨 먹고 간식도 챙겨 먹어요. 라면은 먹지 않더라도 커피는 마셔도 돼요. 커피를 마신 만큼 수분 섭취만 신경 쓴다면 운동 전후로 도움이 돼요. 낮잠도 밤잠도 충분히 자는 게 좋고요. 저는 커피를 500*ml* 마시면, 물도 똑같이 500*ml*를 마셔준답니다.

043 다이어트 식단을 짜기가 힘든데 노하우가 있을까요?

A 마트에 가서 구하기 쉬운 값싼 재료를 선택해요.

그 주에 할인하는 것들을 공략하죠. 일주일 동안은 그 재료로 만들 수 있는 요리를 지지기도 하고 볶기도 해서 식단을 짜요. 제 책에는 구하기 쉬운 비싸지 않은 재료들로 만들 수 있는 요리들이 가득합니다.

044 다이어트 중 어떤 과일을 먹어야 할까요?

A 과일은 일단 가공되지 않은 생과일을 먹는 게 가장 좋아요.

통조림은 당이 들어가니까 다이어트에 도움이 된다고 할 수 없어요. 모든 과일이 다 좋지만, 양이 문제예요. 과일은 어쨌든 탄수화물이거든요. 뭐든 적당히 먹는 것이 좋죠. 칼로리가 낮은 과일을 고른다면 베리류를 추천하고 싶어요. 블랙베리, 라즈베리, 블루베리, 딸기. 또 채소로 분류되긴 하지만 토마토나 수분이 듬뿍 들어 있는 배도 추천합니다. 아보카도는 칼로리가 높긴 하지만 좋은 지방이 있어서 저탄고지 식이요법을 하시는 분들에게 인기 과일이고, 파인애플은 당이 많긴 하지만 단백질과 함께 먹으면 단백질의 흡수를 도와주는 고마운 과일이에요. GI 지수(혈당 지수)가 낮고 천연 엽산 공급원인 키위도 다이어트에 도움이 되는 과일이고요. 어떤 과일이든 적당히 먹는 거, 잊지 마세요.

045 책에 나온 레시피 중 가장 포만감이 커서, 다이어트 중 가장 도움이 되는 메뉴는 무엇인가요?

A 채소가 듬뿍 들어간 밀푀유나베, 채소를 듬뿍 넣어 비벼 먹는 미역면비빔국수, 다이어트의 친구 도토리묵이 들어간 도토리묵전샐러드를 추천해요.

밀푀유나베는 국물이 들어 있지 않아 다이어트에 좋고(국물 요리는 어떻게 요리하느냐에 따라 달라지지만, 최대한 피하는 것이 좋아요), 미역면비빔국수는 미역면이 19kcal라 채소를 곁들이고 소스까지 다 먹어도 50kcal를 넘지 않아요. 야식에는 딱이죠! 도토리묵전샐러드는 도토리묵과 채소가 듬뿍 들어가 포만감도 좋지만 도토리묵을 전처럼 부쳐 맛도 끝내줍니다. 또 모든 반찬에 백미밥 대신 우엉곤약밥을 곁들여 먹는다면 그게 바로 다이어트 식단이 되지요.

046 아침 점심 저녁 먹는 시간을 알려주세요. 규칙적으로 먹는 게 다이어트에 도움이 될까요?

A 아침 7시, 점심 12시, 저녁 6시…. 이런 시간은 9 to 6(오전 9시에 출근해 오후 6시에 퇴근) 직장인에게 맞는 식사 시간이에요.

그보다 중요한 건 식사 시간을 내 패턴에 맞추는 것이죠. 아침 10시에 일어나는 사람이라면 점심이 4시가 될 수도 있어요. 각자 패턴에 맞춰 식사를 하되, 반드시 저녁 식사는 잠들기 5시간 전에 끝내는 걸 권합니다.

047 다이어트 한약 드셔보신 적 있으세요? 다이어트 한약으로 살을 많이 뺐는데 한약을 안 먹으니 다시 식욕이 돌아오네요. 다시 한약을 먹어야 할까요?

A 저는 아니고, 엄마가 드셔보셨어요. 약을 끊으니 살이 도로 찌던데요?^^

모든 다이어트 한약에는 식욕을 떨어뜨리는 약재가 들어가서 단기간에는 효과가 있고, 상황에 따라서는 도움을 받는 것도 좋다고 생각해요. 그러나 문제는 평생 한약을 먹으며 살 수 없단 거죠. 약을 끊고 나서도 그 생활을 유지해야 하는데 그게 잘 안 돼서 다시 예전 모습으로 돌아가기 쉬워요. 한약이든 양약이든 효과가 있다면, 이 세상에 살찐 사람이 있을까요?

048 다이어트 중 이것만은 피해라 하는 음식이 있을까요?

A 하얀색! 밀가루, 설탕, 소금, 조미료, 쌀밥… 모두 하얀색이죠?

설탕 대신 알룰로스, 밀가루 대신 통밀가루, 쌀밥 대신 잡곡밥 등 흰색은 피해주세요. 다이어트뿐 아니라 건강에도 좋지 않습니다. 요즘에는 MSG가 나쁘지 않다는 분위기이긴 하지만, 확실히 조미료는 입맛을 당기게 해서 식단 조절을 어렵게 한답니다. 요즘에는 다시팩도 잘 나와 있으니 국물을 낼 때는 조미료 대신 직접 국물을 우려보세요.

049 다이어트 요리 아이디어는 어디서 얻으시나요?

A 10년 전만 해도 어떤 재료를 사야 하고, 어떻게 요리해서 얼마나 먹어야 하는지 하나도 몰랐어요.

제일 처음엔 채소와 과일을 깨끗이 씻어서 시판용 드레싱이나 요거트를 뿌려 먹는 것부터 시작했고, 점점 요리하는 재미를 찾아가게 됐어요. 다이어트에 이로운 재료들로 이것저것 그냥 다 만들어보는 편이고 이 조합도 해보고, 저 조합도 해본 결과, 지금은 '이 정도 양을 넣으면 되겠다', '이 재료와 저 재료가 잘 어울리겠다'는 감이 오더라고요. ^.^

050 술을 좋아하는 다이어터입니다. 들리는 풍문에 의하면 맥주나 막걸리보다는 소주나 레드와인이 살이 덜 찐다던데 맞는 이야기인가요?

A 레드와인은 와인 중에서도 제일 낮은 칼로리를 가지고 있어요.

레드와인의 폴리페놀 성분이 지방 흡수를 억제하고 연소를 촉진하는 효능도 있고, 탄닌이라는 특유의 떫은맛이 지방 흡수를 억제하는 효과가 있긴 해요. 그러나 어떤 알코올이든 다이어트 중에는 자제해야 해요. 알코올은 몸에 들어오면 독소로 인식되기 때문에 배출이 빨리 되지만 그로 인해 지방, 탄수화물, 단백질의 대사를 지연시킨다고 하니까요. 또 잦은 음주는 지방간이나 고지혈증을 유발하기 때문에 몸에 해로워요. 또 먹을 때 어떤 안주와 함께 먹는가도 중요하겠지요.

권미진 *Pick*

다이어트를 하면서 가장 도움이 되었던 제품과 음식에 사용하는 제품을 알려주세요.

1. 프로틴유 아몬드 초콜릿

여자들은 생리 전에 특히 달달한 게 당기고, 스트레스를 받아도 단 게 당기잖아요. 하지만 다이어트 중에는 마음 편하게 먹을 수 없었죠. 프로틴유 아몬드 초콜릿은 무설탕이라 마음 편하게 먹을 수 있고 식물성 분리대두단백과 동물성 분리유청단백을 혼합해 아미노산 공급 단백질 흡수율을 높여서 건강하게 초콜릿을 죄책감 없이 먹을 수 있어요.

'설탕이 안 들어갔으니 별로겠다'며 기대 하나도 없이 먹었는데 스테비아와 말티톨로 단맛을 내고 초콜릿의 풍미는 천연 바닐라 향이고요. 통째로 오독오독 씹히는 구운 아몬드도 한몫하고요. 초콜릿도 즐겁게 먹어요, 우리!

2. 유산균

저는 체중 감량을 하고 요요 없이 유지하면서 유산균을 꼭 챙겨 먹고, 만삭 때도 변비 한 번 없었어요. 장내 유산균 밸런스를 맞춰주면 배변도 잘되는 것은 물론 뚱보균, 유해균들을 정리할 수 있으며 면역력도 좋아지고 꿀피부를 유지할 수 있어요. 특히 여성 질환을 피하는 데 도움이 되고요. 유산균을 선택할 때는 꼭 성분을 꼼꼼하게 확인하고 내산성 내담즙성이 높고 고온에도 안정적인 제품으로 골라 드세요^^

3. 짐키친 도시락

일단 탄수화물, 지방, 단백질, 식이섬유의 영양소 균형이 나무랄 데 없어요. 밥도 그냥 밥이 아닌 무려 강황밥! 치킨스테이크, 로스트비프, 비프스테이크, 틸라피아, 저지방 한돈 소시지 등 여러 가지 맛이 있고 수제 소스를 사용해 뻔한 다이어트 도시락이 아니어서 마음에 들었어요. 밤 12시까지 주문 건을 다음 날 만들어서 당일 발송하는 게 원칙이라고 하니 더 좋았어요. 조금 더 저렴한 한 끼 도시락은 가격대나 맛이 거의 비슷하더라고요. 참! 샐러드 도시락은 택배 배송으로 받아 먹는 건 완전 비추천! 어디 제품이든 다 실망스러웠어요.

4. 효소 제품

효소는 열에 약해 쉽게 파괴되기 때문에 일상적인 식사를 통해 보충하기 어렵죠(027 답변 참고). 그래서 효소 식품을 섭취해서 부족한 효소량을 보충하는 것을 추천해요. 제가 먹는 효소 제품은 2가지예요. 둘 다 효능과 효과는 다른데요, 하나는 카테킨과 TG 복합효소가 들어 있고, 또 하나는 소화 효소예요. 첫 번째 효소는 탄수화물을 프리바이오틱스로 바꿔 체지방 감소, 콜레스테롤 개선에 도움이 돼요. 그래서 다이어트뿐 아니라 노화 관리에도 좋거든요. 또 하나는 아밀라아제와 프로테아제 효소예요. 아밀라아제는 탄수화물을, 프로테아제는 단백질을 분해하는 데 도움이 되죠.

5. 착즙기 NO! 블렌더 YES!

다이어트 이래로 제일 많이 사용한 도구가 바로 믹서예요. 어제도 오늘도 믹서를 사용했고요. 특히 과일과 채소를 섞어 과채 주스를 만들어 마셔요. 착즙기도 NO~! 꼭 믹서로 갈아서 건더기까지 먹어야 당만 섭취하지 않고 식이섬유까지 먹을 수 있어요. 참! 갈자마자 바로 마셔야 비타민C의 산화를 막을 수 있어요.

음식에 자주 사용하는 시판 제품 *Best 7*

1. 허닭

멋쟁이 개그맨 허경환 선배의 닭가슴살 브랜드죠. 선배가 그냥 보내주겠다고 해도 꼭 내돈 내산으로 이용하는 제품이에요. 맛도 종류도 여러 가지라 요리에 따라 골라 먹을 수 있어서 좋아요. HACCP 인증을 받은 제조시설에서 100% 국내산 육계용 신선 닭가슴살만 사용해서 만든다는 점과 나트륨과 화학첨가물은 최소화하면서 단백질 함량이 높아서 좋아요.

2. 마맘 케첩

생토마토 함유량이 무려 83%나 되는 케첩이에요. 생토마토, 발효식초, 프락토 올리고당, 천일염 딱 4가지로 만들었고 원물의 함량이 높아 자연 토마토에 가까운 맛이라 찍고 발라 먹어도, 파스타 소스, 피자 소스 등으로 활용해도 좋더라고요. 화학첨가물과 방부제를 사용하지 않았다는 점도 마음에 들어요.

3. 하인즈 옐로 머스터드

매운맛은 덜하고 상큼한 맛이 강한 크리미한 머스터드 소스예요. 지방, 탄수화물 모두 제로라 부담 없이 먹을 수 있어요. 그리고 또 나트륨이 5g 기준 3%라 한 번에 10g 정도 먹는다고 생각하면 한 끼에 6% 정도의 나트륨을 먹게 되지만 시판 소스치고 정말 깨끗한 성분에 낮은 나트륨이에요.

4. 후이펑 닭표 스리라차 소스

다이어터들의 기본 소스! 매운맛이 유난히 당기는 날 지루해진 식단에 활기를 더해주죠. 많이 자극적이지 않고 새콤 시큼함이 좋아요. 일반적인 칠리소스와는 다르게 단맛이 없어요.

5. 알룰로스

알룰로스는 건포도나 무화과 등 천연 과일에 미량 존재하는 당 성분으로, 설탕 대신 사용하기 좋은 재료예요. 설탕 대비 당류는 99%, 칼로리는 98% 낮고, 게다가 논란이 있는 다른 첨가물에 비해 미국 FDA로부터 안전성을 인정받아 과량 섭취해도 설사 등 부작용이 없다고 하네요. 가열하지 않는 요리에는 꿀을 사용하는 걸 추천해요.

6. 통후추

후추는 만능 향신료라 해도 과언이 아닌 것 같아요. 특히 통후추는 일반 후춧가루보다 훨씬 풍미도 좋고요. 소금 대신 간을 맞춰주고 비린내도 잡아주니 얼마나 좋아요.^^~ 각종 육류 요리에는 흑후추, 생선이나 소스 등을 만들 때는 백후추를 사용하는 게 좋더라고요.

7. 레드페퍼

익숙한 요리에도 레드페퍼를 톡톡 뿌려주면 한층 색다르게 즐길 수 있어요. 매콤함을 더해 음식의 마무리를 한결 개운하고 깔끔하게 만들어줘요. 고기나 생선 요리에도 좋지만 빵이나 아보카도, 토마토에 뿌려 먹어도 맛있어요.

Q & A : 멘탈

다이어트의 성공은 '멘탈 관리'가 관건이라고 해도 과언이 아니에요. 야심차게 다이어트를 시작해도, 줄지 않은 몸무게, 그로 인한 절망, 폭식과 요요의 굴레 등 멘탈이 무너지는 일들은 차고 넘치죠. 사실 저도 아직 힘들 때가 많아요. 그렇기 때문에 멘탈을 건강하게 다지는 일은 더욱더 중요하답니다.

001 다이어트를 하면서 생리불순 등 부작용은 없었나요? 저는 생리불순이 너무 심해요.

A 생리가 멈추지 않아서 겁이 났던 적이 있죠.

병원에 가보니 지방이 계속 빠져나가서 생리가 멈추지 않는 거라고 하더라고요. 그래서 만들어 먹기 시작한 것이 해독 주스예요. 해독 주스로 영양을 잘 채워주니 생리불순도 해결되었고, 생리불순뿐만 아니라 변비와 탈모, 탄력 저하, 피부 트러블 등 부작용 없이 감량할 수 있었어요. 생리불순에 브로콜리가 도움이 되니 식사하실 때 브로콜리를 챙겨 먹는 것도 좋을 것 같아요.

002 요새 몸이 붓는 느낌을 많이 받는데 혹시 부기가 살이 되기도 하나요? 그렇다면 미진 님, 혹시 부기 빼는 방법이 있다면 알려주세요.

A 붓는 걸 부종이라고 하는데 '부종을 오랫동안 방치하면 지방으로 변해 살이 되는가?' 정답은 노(No)!

부종은 혈관 내 수분이 혈관 밖에 축적된 상태이고 살은 에너지가 축적된 지방이에요. 혈액순환이 원활하지 않는 사람에게 부종이 잘 생기는데 이 부종이 심하면 신진대사가 원활하지 않아 에너지를 잘 사용하지 못하게 되고 그 에너지들이 지방으로 축적되는 거예요. 부종이 지방이 되는 것은 아니지만 부종으로 인해 지방이 더 많이 축적될 수는 있는 것이죠. 부종이 없으려면 어떻게 해야 할까요? 아마 다 아는 방법일 거예요. 나트륨 섭취를 줄이고 물을 많이 마실 것! 부기를 빼주는 의료용 압박 스타킹을 신는 것도 도움이 많이 돼요. 시중에 부기를 빼는 차가 많이 나와 있으니 도움을 받는 것도 좋아요.

003 살면서 이렇게 살이 찐 적이 처음이라 너무 절망적이에요. 하루하루 제 모습이 싫어집니다. 아이 낳고 다들 돌아온다고 하던데 저는 아이 몸무게만큼 빠지기는커녕 더 쪘어요. 갓난아이 때문에 어떻게 살을 빼야 할지 감도 오지 않아요. 저 좀 도와주세요.

A 아이 낳고 몸무게가 돌아온다는 이야기에 저도 당연히 그럴 줄 알고 임산부니까, 하며 관대한 생활을 했다가 또 다이어트를 하고 있어요.

3.22kg인 딸을 낳고 3일이 지난 뒤 몸무게를 재보니 5kg 정도 빠졌더라고요. 조리원에서 생활하는 2주 동안 8kg이 더 빠져서 총 13kg을 감량하고 집에 왔기에 금방 돌아갈 수 있을 거라고 생각했어요. 그.런.데. 임신 전 다이어트와는 정말 다르더라고요. 정말 훨씬 안 빠져요^^; 출산 후 무작정 굶거나 운동을 하면 산후풍 등에 노출되기 쉽다고 해서 거의 식단에 비중을 두고 노력하고 있어요. 운동하러 갈 시간은 아직 없더라고요. 집에서 하기도 쉽지 않고요. 남편 퇴근 전에는 세수도 할 수 없는데 운동할 시간이 어디 있겠어요? 이 책에 있는 레시피를 따라 하나하나 꾸준히 요리해 드셔보세요. 천천히 돌아가 봐요, 우리!

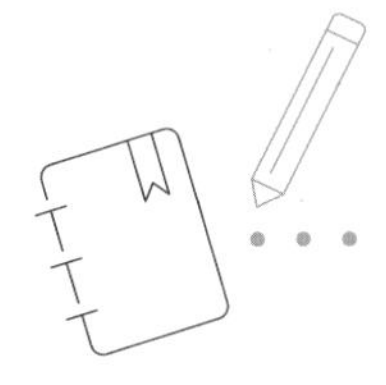

004 다이어트를 하고 싶은데 정말 가족들의 도움이 1도 없어요. 애를 봐주지 않는 남편, 엄마만 찾는 아이들, 도대체 전 뭘 할 수 있을까요?

먼저 남편분에게 자신의 감정을 솔직하게 표현하는 것이 좋을 것 같아요.

아이를 낳은 후 바뀐 몸이 속상하다, 아이들을 하루 종일 보고 있으면 예쁘지만 힘들다, 퇴근 후 2시간 정도만 아이를 봐주면 좋을 것 같다고요. 저는 제 감정을 참지 않고 다 표현하거든요? 얼마 전에 남편에게 "여보~ 나 네일아트를 하고 싶어. 주말에 여보가 나은이 좀 봐주면 가서 하고 와야겠어. 한 번씩 결제하는 것보다 회원으로 해야 싸"라고 말했어요. 그러자 남편은 "웅~ 해~ 집 앞 사거리에 네일숍 있던데 내가 회원 정액 끊어둘게"라고 대답해줬어요. 그리고 "100일 지나면 나 운동을 시작하겠다", "퇴근 후 1시간만 운동할 시간을 주면 좋겠다"고 말했죠. 남편분에게 지금의 마음을 꼭 공유하고 원하는 것을 이야기하시면 좋겠어요. 그리고 아이들이 엄마만 찾는다면 어떻게 할지 제가 생각해봤거든요? 저라면 아이와 함께 유튜브를 보며 춤을 따라 추거나 맨몸 운동을 따라 할 것 같아요. 몇 년 후 나은이와 함께할 생각을 하니 상상만 해도 정말 좋네요. :)

005 언제나 즐겁게 다이어트를 하시는 것 같아 부러워요. 미진 님의 긍정 마인드의 원천이 궁금합니다. 저는 살이 찌니 뭐든 비관적으로 바뀌는데 미진 님처럼 긍정적으로 밝게 살고 싶어요.

저도 언제나 즐겁게 다이어트를 하지는 않아요.

다이어트를 하지 않아도 된다면 안 하고 싶은데 축복받은 몸이 아니라 노력이 필요해요. 해야 하는 상황이라면 긍정적으로 생각하고 받아들인 후 실행하는 편이긴 해요. 칼로리가 매우 높아 살이 찌는 음식을 먹은 후에 마음에 일어나는 죄책감으로 나 자신에서 실망하지 않아요. 대신 다음번에 이 기분을 생각하며 한 번은 참을 수 있는 자제력을 발휘하는 좋은 무기라고 생각하고 먹은 것에 속상해하지 않아요. 정체기가 오면 '살이 많이 빠진 사람에게만 찾아오는 축복'이라 생각하는 등 일단 좋게 생각하려고 어느 정도 노력해요. ㅎㅎ
103kg일 때도 근거 없는 자신감으로 '난 호감이야

~ 난 귀여워~ 난 복스러워~'라며 나름 만족하고 살았지만 살을 빼야 하니 어차피 빼는 김에 예쁘게 잘 빼려고 노력한 것이고요. 하다 보니 입을 수 없었던 옷들도 잘 맞고, 예뻐졌다는 말도 많이 듣고, 몸도 마음도 건강해진 걸 느끼니 더 긍정적이 되는 것 같아요.

제 생애 큰맘 먹고 처음 구입한 새 차를 한 달도 안 돼서 동생이 빌려 탔다가 사고를 낸 적이 있어요. 저도 사람인지라 화가 났겠죠? 하지만 화내지 않고 '너 안 다쳤으면 괜찮고, 보험 빵빵하게 들길 잘했다' 하고 정말 쿨하게 끝냈어요. 화내 봤자 사고 난 차가 새 차가 되는 건 아니니까요. 육아도 마찬가지더라고요. 정말 힘들거든요. 음~ 그러니까 정말 상상 이상으로요. 그런데 '독박'이라 생각하면 부부싸움 날 것 같아서 '내 자식 내가 키운다' 생각하고 돌보니 아직 신랑과 육아로 인해 다툰 적이 한 번도 없어요. 그러니까 원천은 노력인 거 같아요. 노력하다 보면 습관처럼 긍정 마인드도 자리 잡는 것 같고요.

006 다이어트를 하면 계속 요요가 와요. 어떡하죠?

A 다이어트를 해본 사람들은 모두 요요 현상을 겪을 거예요.

원래의 체중으로 돌아가는 것도 싫은데 그 이상 늘어나기까지 하니 허무하죠. 식단 조절만 철저하게 하든, 식단 조절과 운동을 병행하든, 타이트하게 생활하다가 일반식을 하면 몸무게가 올라가는 건 어쩔 수 없어요. 이제부터는 다이어트를 했으면 당연히 요요가 오는 걸로 생각하고, 안전한 요요 범위 +5kg 안에서 놀아보세요. 조였다가 풀었다가 조였다가 풀어주며 +5kg이 되는 순간 다시 조여주세요.

007 가장 도움이 되는 요요 대처법이 있을까요?

'매일 아침 화장실에 다녀온 후 공복에 몸무게를 재는 것'이에요.

이건 아직도, 여전히, 앞으로도 매일 하는 행위일 거예요. 목표 몸무게를 지나면 긴장을 늦출 수밖에 없거든요.

* p.s 생리 중에는 금지요~.

008 다이어트를 하려고 마음을 먹기는 하는데 실천하기가 제일 어렵더라고요. 어디서부터 어떻게 시작해야 할까요?

규칙적인 생활이 다이어트의 시작이에요.

불규칙한 생활은 잠자는 시간, 밥 먹는 시간 등 사소한 것들도 불규칙하게 만들고 그러면 살이 찔 수밖에 없어요. 그럼 당연히 건강도 나빠지겠죠. 아침이 길고 저녁은 짧은 규칙적인 습관을 추천해요. 그 규칙 안에서 물을 많이 마시는 게 좋고, 아침에 눈 뜨자마자 물 한 잔 마시기는 꼭! 실천해주세요.

009 정체기가 와서 숫자가 꿈쩍도 하지 않아요. 정체기는 어떻게 극복하나요?

A 다이어트를 통해 어느 정도 감량을 하다 보면 정체기는 찾아오게 되어 있어요.

그때는 무슨 짓을 해도 절대 살이 안 빠지죠. 사람

마다 정체기가 찾아오는 시기도 다르고 사라지는 시기도 달라서 다이어트 권태기를 이기지 못하고 다이어트와 이별하는 경우가 많은데요~ 정체기가 왔다는 건 축하받을 일이에요. 왜냐하면 살이 많이 빠졌다는 증거이거든요^.^ 바른 식단과 운동을 병행하던 중 정체기가 온다면 이렇게 해보세요! 동물성 단백질(닭가슴살, 소고기, 돼지고기, 달걀 등)의 비중이 높았다면 식물성 단백질(두부, 콩 등)의 비중을 높여보세요. 탄수화물의 종류도 바꿔주는 게 좋고요. 정체기가 왔다고 해서 식사량을 줄이진 마세요. 식사량을 줄이면 근육량이 줄고 기초대사량도 줄어버리거든요. 또 이때는 몸무게 재는 것을 멈추세요. 정체가 오는 이유가 체지방은 계속 감소하고 근육량은 증가하기 때문인데 내려가지 않는 숫자를 보면 심리적으로 부담이 생겨 실패하기 쉽거든요~ 저울 대신 줄자로 사이즈를 재보면 줄어든 게 보이니 몸무게는 단지 숫자일 뿐이라는 사실을 알게 되는 좋은 시기이기도 해요. 정체기를 이겨내면 다시 체중이 줄고 성취감에 의욕이 전보다 불타오르겠죠. 2013년 다이어트를 시작하고 나서부터 지금까지 강조하는 꽤나 유명한 권미진 명언 아시죠? '천천히 빠지는 살은 있어도 안 빠지는 살은 절대 없다!'

010 다이어트를 하면 그냥 다이어트를 한다는 사실 자체가 스트레스예요. 그럼 먹는 걸로 풀게 되고요. 먹는 걸로 풀고 나면 기분이 좋아지는 게 아니라 우울해지는데 이 반복을 멈출 수 없을까요?

스트레스의 만병통치 비타민C! 비타민C를 챙겨 먹고 계시나요?

비타민C는 스트레스 유발 호르몬 생성을 억제하는 효과가 있어요. 한 번에 많이 먹으면 체외로 배출되므로 소량씩 하루 2회 나눠서 먹는 것이 좋아요. 딸기나 블루베리, 레몬 등 비타민C가 풍부한 과일을 먹는 것도 좋아요.(과일도 당인지라 양 조절을 해야 해요.) 먹는 걸로 푸는 이유가 혹시 다이어트 중 허전함 때문이라면 보리차를 드셔보세요~ 보리차는 식욕을 감소시키는 효과가 있거든요^^ 보리차는 찬 성질이므로 소화 장애가 있거나 속이 찬 사람은 피하는 게 좋아요. 보리차 대신 허브차를 즐겨보세요.:)

011 15년 이상 꾸준히 쪄 있었던 제 몸도 다이어트를 하면 될까요?

A

3.7kg으로 태어나 분유를 다른 아기들의 2배를 먹고, 4세 때 바비큐 한 마리를 혼자 다 먹고 쓰러져 응급실에 실려 가고, 아동복 바지는 굵은 다리 때문에 제일 큰 사이즈도 안 맞아 일찌감치 주니어 옷을 사서 바지 길이의 반은 잘라내고 입고, 중학교 때는 남들 3년 입는 교복을 1년에 한 번씩 맞춰야 했어요.

그러다 2010년에는 100kg을 넘기고야 말았죠. 2010년에 제 나이가 23세였네요. 고로 저는 23년 동안 꾸준히 쪄 있던 몸을 바꿨습니다. 제가 했으니 당신은 더 잘할 수 있어요.^^

012 식이요법도 운동도 잘하다가 생리 전 식욕 폭발에 멘탈까지 흔들려요. 생리 때 폭식을 잡는 방법이 있을까요?

A 저 역시 여자이기 때문에 한 달에 한 번 생리를 하고, 이 부분에 크게 공감을 해요.

그런데 임신을 하고 10개월 동안 생리를 안 하면서 무조건 생리 때문에 식욕이 폭발하는 것이 아님을 비로소 깨달았어요. 하하. 호르몬의 영향은 당연히 있겠지만 생리는 핑계이고 결국 음식에 대한 집착으로 인한 폭식이었죠. 생리 전 일주일부터 몸이 붓고 나른해져요. 몸이 붓는 것은 몸에서 수분이 증가함에 따라 자연스럽게 생기는 현상이고, 그에 따라 체중이 늘어날 수도 있는 건 당연해요. 그러니 식이요법이나 운동하고자 하는 의욕도 줄어들 수밖에 없어요. 결론은 생리와는 상관없이 나도 모르게 음식에 대한 집착이 쌓인 건 아닌지 체크해본 후 생리로 인한 게 맞다면 어떤 음식이든 기분 좋게 한 끼 배불리 만족스럽게 먹고 식사에 대한 욕구를 한 번 풀어주는 것이 좋다고 생각해요. 생리 후 찾아오는 황금기 때 다시 빠질 테니까요. 그리고 생리를 하는 것은 우리 몸이 건강하다는 증거이니 불변의 진리라 생각하고 그 시기도 즐겨보세요♥

013 광고를 보면 이 제품도 사고 싶고 저 제품도 사고 싶어서 막상 사면 효과가 없어 실망하거나 먹기 어렵다는 이유로 실패합니다. 다이어트 보조식품, 추천해주실 수 있을까요?

A 다이어트는 1년 365일 스포트라이트를 받고 있지만 다이어트 안의 다이어트, 보조식품은 어마어마하게 많고 앞으로도 그럴싸한 이름을 달고 계속 나올 거예요.

누가 이걸로 성공했다고 하면 이것도 사보고 저것도 사보겠지요. 저 또한 그래요. 그런데 아쉽게도 광고에서 보여주는 것처럼 획기적으로 살이 빠지는 무언가는 지구상에 절대 없어요. 그럼 비만이라는 것이 존재하지 않겠죠.^^ 다 해보는 게 답이에요. 저도 그러고 있고요. 그중 내 몸에 맞는 것을 찾아보세요. 다이어트는 평생 하는 거라고 하잖아요? 평~생 여러 가지 다 몸소 경험해보는 것도 나쁘지 않다고 생각해요.

014 엄마가 '아가씨가 그게 뭐냐'며 살 좀 빼라고 해서 살을 빼려고 마음먹고 다이어트를 하면 꼭 '엄마가 주는 건 살 안 찐다'며 먹으래요. 언니 부모님은 안 그러셨나요?

A 완전히 공감해요! 저희 엄마도 '회는 살 안 찐다', '과일도 살 안 찐다'고 하며 제가 먹는 걸 좋아했어요.

너무 많이 먹지만 않으면 장단을 맞춰드리는 것도 괜찮아요.^^ 너무 늦은 밤이라면 '내일 먹을게'라고 말하면 좋을 것 같고요. 실제로 온 가족이 야식으로 치킨을 시켜 먹을 때 '딱 하루만 먹으면 살 안 찐다'는 엄마의 유혹에 넘어갈 뻔했지만 '내일 먹겠다'고 말씀드리고 아침에 눈 뜨자마자 먹었어요. '맛있게 먹으면 0칼로리'라는 말이 진짜면 얼마나 좋을까요?

015 갱년기가 오면서 체중 감량이 더 힘드네요. 갱년기 때문에 불가능하겠죠?

제가 처음 다이어트를 한 게 23세였어요.

정말 생각보다 너무 쉬운 다이어트에 "뭐야? 왜 다들 다이어트에 실패하지? 생각보다 쉬운데?"라는 교만한 생각을 했어요. 그럴 법도 한 것이 저는 그때 103kg이었고 한 번도 다이어트를 해본 적이 없는 다이어트 청정지역이었거든요. '나이 앞자리가 바뀌면 다르다', '갱년기라 살이 안 빠진다는 말은 핑계'라고 생각했어요. 그런데 앞자리가 바뀌니 살이 더 안 빠지는 것도 사실이었고, 임신 후 출산을 하고 나니 살이 더 안 빠지는 것도 맞더라고요. 갱년기에 체중 감량이 더 힘든 것은 맞아요. 하지만 불가능한 건 아니랍니다.^^ 예전에 잡지사와 방송사에서 '제2의 헬스걸을 찾아라'는 프로젝트를 한 적이 있어요. 잡지사에서 했을 때 1963년생 갱년기 어머니가 계셨는데 병원 검사 결과 나이가 나이인 만큼 여성호르몬이 부족해서 다른 젊은 친구들보다 힘들었지만 5개월 만에 94kg에서 73kg까지 빼셨던 기억이 생생하네요. 제가 "호르몬까지 불굴의 의지와 끈기로 이겨낸 분"이라고 "존경스럽다"고 말씀드렸어요. 이때 모든 운동과 식단은 다른 참가자들과 똑같았지만 그분은 매일 현미와 함께 에스트로겐이 풍부한 대두를 섞은 밥을 꼭 드셨다고 했어요.^^ 아마씨, 두부, 참깨, 두유나 마늘, 양배추, 달걀, 모과, 호박, 석류 등을 챙겨 드시는 것도 도움이 될 거예요.

016 다이어트를 하면 피곤함이 없어지나요?

저는 Yes! 규칙적인 생활을 하고 식사도 잘 챙겨 먹으니 피곤함이 없어졌어요.

살 빼기 전에는 잠을 8시간 이상 자도 한 번도 '개운하다'는 생각이 든 적이 없거든요~ 그런데 영양소를 잘 챙겨 먹으면서 다이어트를 하는 게 중요해요. 너무 적게 먹거나 영양분이 부족한 음식을 먹으면 오히려 피로감을 느끼거든요. 음식을 균형 있게 먹고 혈당을 알맞게 유지해야 피로감이 없다는 거 잊지 마세요.

017 결국 작심삼일로 끝나는 경우가 많아요. 그걸 극복하고 다이어트를 지속할 수 있는 마음가짐이 있을까요?

A 저도 늘 작심삼일일 때가 많아요.

대부분의 사람들은 작심삼일에 실패하면 "에라이~ 역시 난 안 돼. 다이어트는 무슨~" 하며 포기해버리는데 저는 작심삼일에 끝났다고 좌절하지 않아요. 3일에 한 번씩 실패하면 다시 1일로 시작하면 돼요. 사실 저도 작심삼일을 넘기고 긴 시간 동안 유지하면서 악착같이 성공하는 분들께 묻고 싶어요. 한 번도 무너지지 않고 할 수 있는 비결이 뭐냐고요.

018 화장실만 다녀와도 체중이 달라지는데, 체중을 언제 측정하는 게 내 진짜 몸무게일까요?

매일 같은 시간에 측정하는 걸 추천해요.

저는 아침에 일어나 화장실에 가서 볼일을 본 후에 바로 체중을 측정해요. 체중이 조금 많이 나왔다 싶

은 날은 입고 있던 잠옷과 속옷까지 다 탈의하고 다시 올라간답니다.ㅎㅎ

019 미진 언니의 예전처럼 100kg이 넘는 고도 비만입니다. 다이어트 중에 몸무게를 매일 체크하면 안 된다고 하던데, 저는 매일 체크하면서 스트레스를 받는 중이에요. ㅠㅠ

A 저도 매일 체크했어요.

오히려 그때는 가지고 있는 지방이 많아서 몸무게도 더 잘 내려가고 부기와 함께 수분이 빠지니 눈으로 확인할 수 있는 숫자가 잘 내려가서 '이러다가 한 달 안에 원래 체중으로 돌아가는 거 아니야?' 하며 쓸데없는 걱정까지 했어요. 어떤 방법으로 체중 감량을 하고 있는지 모르겠지만 그때는 먹는 양만 살짝 줄여도 정말 잘 빠질 때예요.~ 큰 운동을 하지 않아도요^^ 식단 조절과 함께 운동을 잘하고 있는데도 변화가 없다면 전문가에게 조언을 얻는 것도 현명한 방법이에요.

020 살이 25kg이나 쪘어요. 한두 달 만에 뺄 수 있을까요?

A 가능이야 하겠죠.^^ 아주아주 극단적으로 한다면요!

하지만 건강할지는 장담할 수 없을 것 같아요. 그리고 정말 중요한 것! 급하게 뺀 살은 금방 돌아가고, 천천히 공들여 뺀 살은 오래 유지될 거예요.

021 다이어트를 할 때 탈모는 안 오나요? 저는 매번 체중이 빠지면 머리카락도 같이 빠져서 고민이에요.

A 다이어트를 할 때 부작용 중 하나가 탈모예요.

영양소를 챙기지 못하면 탈모가 오거든요. 그래서 다이어트를 할 때 더 영양가 있는 음식을 챙겨 먹어야 해요. 탈모에 좋은 음식으로 대표적인 검은콩, 그 외에도 달걀, 검은깨, 흑미 등이 있으니 식단에 넣으면 좋을 것 같아요.

022 임신 당뇨 검사를 앞두고 있어요. 미진 씨처럼 건강하게 임당(임신성 당뇨)도 패스하고 남은 임신 기간 동안 어떻게 먹고 관리해야 예쁜 아기를 순풍 출산할 수 있을까요?

A 먼저 임신 축하드려요.^^ 저는 임당을 한 번에 통과했어요.

공포의 임당이라 불리길래 많이 긴장했는데 결과가 나오자마자 신랑에게 전화를 걸어 정상이라며 자랑했던 기억이 나네요. 착한 음식이 배 속 아기에게도 좋다는 사실! 알고 계시겠죠? ^.^ 과일과 채소는 먹었지만 갈아서 판매하는 시판 주스는 피했어요(철분제 먹을 때 오렌지 100% 주스 한 모금만 마시는 정도). 인스턴트식품은 거의 먹지 않았고, 태아의 신장 기능을 발달시키는 어패류(문어, 오징어, 새우, 굴, 조개 등)를 먹었어요. 양배추, 시금치, 무, 감자, 고구마, 버섯 등의 섬유질이 많은 음식도 잘 챙겨 먹었고, 고기도 살코기 위주로 콩, 두부를 정말 많이 먹었죠. 짜지 않게요. 다이어트를 할 때와 똑같죠? 초중반에 뭣도 모르고 '나는 임산부니까'라며 보상심리로 막 먹다가 살이 많이 찌긴 했어요. 오히려 이걸 깨우친 만삭 때는 3kg 정도만 증가했는데, 초중기 때 찐 살이에요. 이걸 빼는 게 제 숙제입니다.ㅎㅎ 건강하게 출산하세요. ♥

023 출산 후 언제부터 다이어트를 해도 되나요?

A 많은 분들이 100일 이후에 하라고 말씀하셨어요.

그런데 제가 다녔던 병원의 의사 선생님은 오로가 끝나면 (사람마다 다르긴 하지만 6~8주) 빠르게 걷기, 스트레칭 등의 가벼운 운동은 하는 게 좋다고 하시더군요. 그래서 저도 이제야 시작했어요.^^

024 SNS를 보면 날씬한 사람들도 너무 많고 주변 친구들은 매일 핫플을 다니며 항상 예쁘고 날씬한 모습만 사진이 올라와서 그걸 볼 때마다 뚱뚱한 나 자신이 너무 창피해요. 인스타그램 보면서 남과 비교하는 게 가장 미련한 행동이라는데, 매일 그걸 보는 나 자신이 너무 싫어요 ㅠㅠ

A 남들과 나를 비교해서 자신을 싫어하는 건 옳지 않다고 생각해요.

타인이 보는 시선을 의식해서 나를 맞추게 된다면 늘 자신감이 떨어질 수밖에 없어요. 세상의 기준에 나를 맞추는 일은 결코 쉽지 않잖아요~ 나를 기준으로 나의 매력을 사랑하는 것이 좋다고 생각해요. 저는 체중이 103kg이 넘게 나갈 땐 "뚱뚱한 사람 중에 내가 제일 귀여워!"라며 저를 중심으로 기준을 두고 살아서 긍정적일 수 있었던 것 같아요. 그런데 살을 빼고 나니 제 얼굴과 몸에 단점이 보이기 시작하더라고요. 그래서 타인과 나를 비교할 때가 있었어요. 그런데 어떤 분은 제가 화장하지 않는 것이 더 예쁘다고 말하고, 어떤 분은 화장하는 것이 더 예쁘다고 말하고, 어떤 분은 완전 말랐을 때가 더 예쁘다고 말하고, 어떤 분은 살이 조금 오른 모습이 보기 좋아서 더 예쁘다고 말하더라고요. 모두의 기준이 다르기 때문에 저 하나를 두고 모두가 보는 모습도 다른 것이죠. 비교하지 마세요. 기준은 나예요.^^

025 남자친구와 사귀고 나서부터 저만 15kg이 쪘어요. 같이 먹고, 같이 술 마시는데 저만 쪘네요. 점점 남자친구를 만날 때마다 자신감이 떨어져요. 나를 그냥 정으로 만나는 것 같고, 살찐 제 모습에 자꾸 움츠러들게 돼요. 어떻게 해야 할까요? 헤어지는 게 답일까요?

A 15kg이 술과 안주로 찐 살이라면 자신의 건강을 위해 감량하는 게 현명하다고 생각해요.

나를 정 때문에 만나는 것 같은 남자친구 때문이 아니라요. 이성을 만날 때 '사랑한다'는 감정이 매우 중요하지만 의리와 정도 중요한 것 같아요. 하지만 '사랑과 의리가 빠진 단순한 정으로 만나는 것 같다'는 생각이 들게 하는 남자 때문에 자신감을 잃고 속상해하지는 않으면 좋겠어요. 헤어지느냐 만나느냐의 결정은 본인 몫이에요! ^_^

Q & A : 운동

"운동 안 하고 식이조절로만 살 뺄 수 있나요?" 이런 질문을 종종 받아요. 또 반대로, "식이조절 없이 운동만으로 살 뺄 수 있나요?" 하는 질문도요. 결론적으로는 둘 다 중요하지만, 몸을 예쁘게 만들기 위해서는 운동이 무조건 중요합니다. 힘들지만 "나는 지금 예뻐진다"는 마음으로 인내해보세요!

001 : 요가나 필라테스 같은 운동은 힘들어도 살이 빠지는 느낌이 들지는 않아요. 꾸준히 하면 도움이 될까요?

A 저도 이 부분이 궁금해서 필라테스 해부학과 실기 수업을 수료했는데요, 무게를 들어 올리거나 버라이어티하게 움직이는 운동은 100% 집중하지 않아도 운동을 하고 있음을 느끼기 쉽지만, 요가와 필라테스는 집중하느냐, 안 하느냐에 따라 차이가 크게 나는 것 같아요. 대충 할 때는 '어라? 도움이 될까?'라는 생각이 들었는데 동작 하나하나 주요 부위에 집중해서 하니 눈에 띄게 개선 효과가 있었어요. 집중해보세요. 집중할수록 느낌이 새로워지고 도움이 돼요. 조금 더 빠른 운동 효과를 보고 싶다면 모든 운동을 상황에 따라 적절히 혼합해서 하는 게 제일 좋은 것 같아요. 음식도 골고루~ 운동도 골고루~ 편식하지 않고요^^

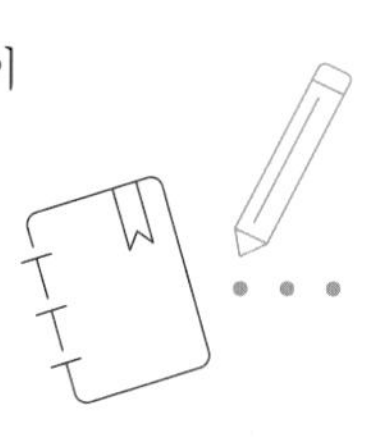

002 : 유튜브나 인스타그램을 보면 하루 5분 운동 같은 게 있잖아요. 운동은 30분 이상 해야 살이 빠진다는데, 하루 5분 운동도 도움이 될까요?

A 5분 운동을 해서 살이 쫙 빠진다고 하면 좋겠지만 그럴 일은 절대 일어나지 않는 거, 아시죠?

하지만 도움이 되는지 물으신다면 당연히 도움이 된다고 답해드리고 싶어요. 매일 5분이라도 꾸준히 하면 도움이 되죠. 그 이유는 바로 습관이에요. 짧은 시간이라도 운동을 하기 시작하면 몸이 그 루틴을 기억하게 되죠. 그러면서 시간도 점차 늘릴 수 있는 거고요. 작은 성취감을 맛보는 게 중요해요. 침대에 누워서도 얼마든지 가능한 5분 운동법을 매일 틈틈이 실천해보면 느낄 수 있을 거예요. 그리고 스쿼트 100개 하는 데 5분도 안 걸려요~

003 미진 님이 다이어트를 할 때 많이 걸었다는 이야기를 들었는데, 저는 걷는 게 지루하더라고요. 어떻게 하면 즐겁게 걸을 수 있을까요?

A 저도 러닝머신 위에서 걷는 건 정말 지루해요.

앞쪽에 달린 텔레비전을 봐도, 노래를 들어도 지루한 건 어쩔 수 없더라고요. 그래서 밖에 나가서 걷기 시작했어요. 날씨가 좋을 때는 공원을 걷거나 친한 사람을 만나 수다를 떨며 걸으니 지루할 틈이 없죠. 그리고 몰워킹 추천해요! 저는 대형마트나 쇼핑몰 구경을 정말 좋아하거든요. 그래서 구경하며 걷다 보면 만 보 채우는 건 일도 아니에요.

* 몰워킹 : 쇼핑몰과 워킹의 합성어로 물건을 사거나 구경을 하면서 돌아다니는 것.

004 다이어트를 결심하면서 엘리베이터보다는 계단을 이용하고 있는데, 종아리 알이 생길까 봐 걱정돼요. 진짜 알이 생길까요?

A 종아리를 움직이는 운동량이 많아지면 근육이 발달하는 것은 사실이에요.

그래서 종아리는 스트레칭이나 마사지를 해주는 게 중요해요. 간단한 종아리 마사지를 알려드리자면, 종아리 정가운데를 촘촘히 뻐근하고 아플 정도로 눌러주는 게 예쁜 다리선을 만드는 데 도움이 돼요. 발목 바로 위부터 종아리가 끝나는 지점까지 아래에서 위로, 위에서 아래로 꾹꾹-

005 식전 운동이 살이 빠진다는 말을 들었는데, 식전 식후 운동 어떤 것이 더 효과가 좋을까요? 미진 님은 주로 언제 운동을 하셨나요?

A 식전에 운동하든 식후에 운동하든 둘 다 좋은데, 제 경우에는 식전, 그러니까 완벽한 공복 운동은 거의 하지 않았고 지금도 그래요.

공복일 때 사과 반 개, 오렌지 반 개만 먹고 운동했는데, 덕분에 근육 손실 없이 건강한 감량이 가능했어요. 많은 체중 감량이 필요하다면 식전 운동! 일반적인 운동이 목적이거나 근육량을 늘리려면 식후 운동이 더 나아요. 식전 운동은 과식을 막아주기도 하니까요. 식후 운동을 할 때는 식사 후 최소 2시간이 지나서 했답니다.

006 원하는 곳만 골라 빼는 다이어트가 가능할까요? 다이어트를 하면 꼭 가슴과 얼굴부터 빠져요.

A 아쉽게도 원하는 곳만 골라 빼는 다이어트는 불가능하다고 생각해요.

저는 에너지 소비가 제일 많은 하체 운동을 가장 많이 했는데 하체 운동을 한다고 해서 하체가 맨 먼저 빠지지 않고 맨 마지막에 빠지더라고요.

007 과체중일 때 어느 정도 유산소운동으로 살을 뺀 다음 근력운동을 하는 것이 몸에 무리가 가지 않을까요? 아니면 처음부터 유산소운동과 근력운동을 병행하는 것이 좋을까요?

저는 처음부터 유산소와 무산소를 함께 시작했어요.

신체 능력에 맞게 강도 조절이 매우 중요한데요, 과체중일 때 무산소운동을 하면 열량 소모가 많아서 체중 감량이 잘되고 몸이 가벼워질수록 중량을 추가해서 운동하는 게 좋아요. 저는 유산소운동 10분 후 무산소운동을 끝내고 유산소운동을 30분 이상 또 했어요.

008 출산 후 손목 통증이 있어요. 그래서 손목을 써야 하는 운동은 엄두를 못 내는데, 그럴 때는 어떻게 하면 좋을까요?

A 출산 후에 손목 통증이 오는 분들이 있더라고요.

통증이 있다면 손목을 써야 하는 운동은 안 하는 게 맞아요. 손목에 내 몸무게를 싣는다면 통증이 더 심해질 테니까요. 저는 4월 25일 기준 76일 된 아기의 엄마인데요, 손목 통증에 대한 공감이 없어서 주변에 손목 통증을 겪은 지인들에게 물어보니 출산 후 손목 통증 완화에 도움이 되는 스트레칭을 해주면 많이 좋아진다고 해요. 검색창에 출산 후 손목 운동이라고 치면 많이 나온다고 하네요.^^

009 정말 운동할 시간이 없는 워킹맘입니다. 틈새 운동이나 틈새 다이어트 비법이 있다면 알려주세요.

A 이걸 쓰려니 웃음부터 나오네요. ㅎㅎ 저는 요즘 아이를 키우면서 육아 속 운동을 적응해나가고 있어요.

젖병 씻으면서 사이드 힙 어브덕션, 변기를 벤치라 생각하고 변기에 앉아서 니레이즈, 샤워를 하면서 샤워타월로 스트레칭도 해요. 아기가 안아달라고 응애응애 울면 안고 온 집 안을 걸어 다녀요. 헬스장에서 매일 예쁜 운동복 차림으로 머신과 덤벨로 운동하던 제가 집에서 다 늘어난 티셔츠를 입고 저런 동작이라도 하는 것에 감사한 요즘입니다. 일하면서 틈틈이 그 자세에서 할 수 있는 운동을 하는 것이 좋아요. 그러다 보면 그 행동이 나도 모르게 습관이 되고요. 일하는 중간에 물병이라도 들고 레터럴 레이즈를 한다든가, 엘리베이터 대신 계단을 이용하고, 앉아 있을 때도 배에 힘을 주는 것도 좋아요. 점심시간에 의자를 이용해 스쿼트를 해도 정말 좋겠어요. 엉덩이가 의자에 닿는 순간 다시 괄약근에 힘을 빡 주며 일어나는 의자 스쿼트요. 익숙해지면 의자 높낮이로 강도 조절도 가능하고요. 내 일상에서 운동이 될 만한 요소를 찾아보고 그걸 루틴으로 만들어서 매일 적용해보세요. 워킹맘으로 산다는 건 정말 쉬운 일이 아니에요. 운동할 시간도 없고, 건강한 먹거리를 챙겨 먹기도 어려울 거예요. 일하면서 스트레스 받으면 달달한 커피나 군것질거리의 유혹이 당연할 테죠. 그렇다면 좀 더 건강한 간식거리로라도 기분 전환을 해보는 건 어떨까요? (198~220 페이지를 참고하세요!)

010
저는 하체에 비해 상체가 많이 발달한 편입니다. 그래서 조금 무리해서 걷거나 뛰면 무릎과 허리가 너무 아프더라고요. 상체 뚱뚱이에게 추천해줄 만한 운동이 있을까요?

A 상체만 뚱뚱이인 분들을 보면 다리는 엄청 가늘고 예쁘고 날씬한 분들이 많아요.

저희 엄마가 딱 그 케이스인데요, 다리만 보면 40kg대 빈약한 다리인데 상체로 올라가면 살이 많죠. 이런 분들은 가슴과 밸런스를 맞춰 엉덩이를 키워주고 상체 지방을 다듬어 균형을 맞춰주는 게 좋아요. 엉덩이 운동을 검색해서 실천해보세요. 그리고 상체 비만 다이어트는 식이요법을 '당연히' 한다는 전제하에 운동을 하는 게 좋지요. 자전거 타기나 조깅도 추천해요. 걷는 것도 아니고 뛰는 것도 아닌 가벼운 속도로 무리하지 않고요. 그리고 스쿼트! 필수예요!

011
헬스장에 상담하러 갔더니 운동을 해서 체중 감량을 하면 살이 다시 안 찐다고 하던데 정말인가요? 그럼 빚을 내서라도 PT 등록을 하고 싶거든요. 제가 식이요법으로만 살을 빼서 자꾸 살이 다시 찌는 걸까요?

A 운동으로 체중 감량을 해서 살이 다시 안 찐다면 좋겠어요.

하지만 안타깝게도 운동을 한다고 해서 살이 다시 찌지 않는 것은 아니에요. 저를 보세요^^ 운동을 열심히 했지만 조금만 마음을 놓는 순간 살찌는 건 누워서 떡 먹기보다 쉬워요. 한 달만 주면 다시 103kg으로 돌아가는 건 일도 아니죠. 운동을 열심히 해서 체중 감량에 성공한다고 해도 먹고 싶은 것을 마음껏 먹는다면 100% 다시 찝니다. 제 주변에는 우리가 생각하는 것 이상으로 운동을 많이 하는 사람들이 많아요. 그분들은 온몸이 근육 덩어리라 기초대사량도 무진장 높지만 절제하지 않고 먹으면 '근육 돼지'가 돼요. 운동을 전혀 하지 않는 사람들도 많이 있죠. 그럼 근육 돼지가 아닌 '그냥 돼지'가 되는 차이일 뿐 살이 찌는 것은 같아요. 어느 헬스장인지는 모르겠지만 그 말은 거짓이에요.

012
운동은 꼭 해야 하는 거죠? 식이조절로만 체중 감량이 어려운 걸까요?

A 위의 질문과 답변을 보셨다면 "아~ 그럼 힘들게 운동 안 하고 그냥 빼는 게 더 낫겠다"고 생각할 수도 있겠네요.

하지만 바람직한, 그러니까 건강한 체중 감량을 위해서는 어느 한 가지만 하기보다는 적당히 병행하는 게 좋아요. 가장 큰 이유는 우리 몸의 지방 특성 때문이에요. 내장지방만 빼겠다 하면 식이요법만으로도 체중 감량이 되지만 우리 여자들은 피하지방이 많아요. 피하지방은 운동으로 태워줘야 해요. 운동 없이 식이 조절만 하면 근육 손실과 수분이 다 빠지고, 체중은 줄어들겠지만 탄력도 줄고 피부도 처질 수밖에 없어요. 가장 바람직한 건 적당히 먹고 운동하는 것이에요.

013 훌라후프를 작정하고 매일 40분씩 돌려도 뱃살은 전혀 안 빠지네요. 뱃살 빼기 좋은 운동에는 뭐가 있을까요?

A 결론부터 말씀드리자면 훌라후프 40분을 매일 해도 뱃살이 안 빠지는 건 당연해요.

앞으로 훌라후프 40분을 하지 마시고 스쿼트에 팔벌려뛰기 20분 또는 런지에 마운틴클라이머를 20분만 해보세요. 훌라후프는 안 하는 것보다는 괜찮은 정도라고 생각하시면 될 것 같아요. 뱃살 빠지는 훌라후프의 광고 모델을 한 적이 있는데요~ 그때 광고 멘트가 너무 과장되어서 양심에 찔려 못 하겠다고 말씀드린 적이 있죠. 왜냐하면 운동량이 너무 적어 효과가 거의 없거든요. 훌라후프에 무게가 있거나 안쪽에 자석이나 돌기가 있는 제품도 마찬가지예요. 그것들이 뱃살을 자극해서 효과가 좋다고 생각할 수 있으나 운동량이 적은 훌라후프 돌리기는 효과가 거의 없어요. 복부 마사지 효과나 혈액순환을 개선하는 정도이지 뱃살을 빼는 데 직접적인 도움은 적답니다.

014 일상 속에서 다이어트에 꼭 필요하고 도움이 되는 행동이 있을까요?

A 우리 모두는 매일 같은 패턴으로 비슷비슷하게 살아가죠.

그 일상에서 엘리베이터 대신 계단을 이용하고, 걸어 다닐 수 있는 거리는 걸어 다니고, 탄산음료 대신 탄산수나 물을 마시고… 너무 뻔하죠?^.^ 그런데 그 뻔한 습관이 큰 도움이 돼요. 몇 가지 더 보태면 머리를 감을 때 쪼그려 앉아서 감잖아요~ 그러지 말고 다리를 굽히지 않고 상체만 숙여 감아보세요. 허벅지 뒤쪽 근육이 자극되어 예쁜 다리 라인을 만드는 데 도움이 되고(쪼그려 앉는 건 무릎 관절에도 안 좋아요), 대중교통을 이용할 때 가만히 서서 기다리지 말고 발바닥을 땅에 딱 붙인 상태에서 뒤꿈치를 올렸다 내렸다 해보세요. 이건 설거지를 할 때도 적용할 수 있겠네요. 그리고 집에 있을 때 타이트한 옷을 입는 거! 정말 추천해요! 편안한 집에서 헐렁한 옷을 입고 있으면 긴장감을 놓게 되어 많이 먹기 쉽거든요. 아! 그리고 식욕에 못 이겨 음식이 내 손까지 왔다면 먹기 전에 성분표를 먼저 보세요. 어마어마한 칼로리와 지방 함량을 보는 순간 내려놓는 데 도움이 돼요. 하나하나 말하다 보면 사소한 다이어트는 끝이 없을 것 같아요.

015 유산소운동으로는 걷기가 제일 좋을까요?

A 사람마다 좋아하는 운동 성향과 종목이 다르니 '걷기가 제일 좋다'고 단정 지을 수는 없어요.

걷기도 당연히 좋지만 달리기, 수영, 자전거, 줄넘기, 댄스, 등산, 제자리에서 팔벌려뛰기 등 유산소운동의 종류는 참 많아요. 각 유산소운동마다 시간당 에너지 소모량은 다르지만 30분 이상 지속해야 체중 감량을 하는 데 효과적이에요. 유산소운동을 할 때 5분 걷고, 5분 뛰고, 5분 걷고, 5분 뛰는 방법도 추천해요. 자전거의 경우 5분은 빠르게, 5분은 천천히 타면 되고요. 복합해서 하는 것도 좋지요. 줄넘기 100회를 한 후에 제자리에서 팔벌려뛰기 100회를 하는 방법도 효과적이랍니다.

016 종아리가 너무 굵어요. 종아리를 예쁘게 만드는 방법은 없나요?

A 제가 방송에서 소개한 적이 있는 방법인데요, 우리가 매일 신는 신발 높이를 수시로 바꿔주는 게 큰 도움이 돼요.

굽 높이에 따라 종아리 뒤쪽 비복근이 다르게 발달하거든요. 운동화도 낮은 굽, 중간 굽, 높은 굽 등으로 번갈아 신어주면 도움이 되고, 구두도 가끔은 신어주세요. 구두 열 걸음이 운동화 스물다섯 걸음의 효과가 있어요. 그리고 계단 등에 발 앞부분만 걸치고 뒤꿈치는 내려 우리가 말하는 '알'이 있는 부위를 쫙 당기는 것도 예쁜 종아리 라인을 만드는 데 도움이 됩니다. 또 하나! 그냥 일자로 누워 있지 말고 다리를 높은 곳에 올려놓는 것도 도움이 돼요.

017 근력운동은 몇 세트나 해야 하나요?

A 저는 처음 근력운동을 시작했을 때 같은 동작을 1세트당 8회 했어요.

그러다 스쿼트를 한 번에 300개씩 할 만큼 체력이 좋아졌지요. 그런데 이건 답이 없어요. 개인의 운동능력이나 컨디션에 따라 횟수와 중량을 조절하는 것이 좋거든요. 운동을 할 때 자신의 최대 중량과 횟수를 매번 기록해두세요. 어떤 동작이든 하다 보면 늘게 되어 있어요. 그건 내 체력과 근력, 근지구력이 모두 업그레이드되고 있다는 증거이고요. 어떤 날은 고중량 저반복을, 또 어떤 날은 저중량 고반복을 하면 운동 효과가 더 좋을 거예요. 재미도 있고요.

018 1세트 하고 나서 얼마나 쉬어야 하나요?

A 어떤 운동인지, 강도가 어떤지에 따라 다르겠지만 세트와 세트 사이 쉬는 시간은 최대한 줄이는 게 좋다고 생각해요.

저는 대부분 30초를 쉬고, 너무 힘들면 최대 1분까지 쉬어요. 너무 오래 쉬면 느슨해져서 집중력도 떨어지더라고요. 헬스장이 아닌 홈트레이닝을 할 경우에는 30초 쉬는 시간도 길어요.

019 허벅지를 줄이고 싶어요. 스쿼트를 해도 안 되네요.

A 스쿼트를 얼마나 하셨을까요? 절대 노력이 부족한 거예요.^^

제 허벅지는 축구선수만 하다는 이야기도 많이 들었어요. 일화도 하나 있어요. KBS 개그맨 장기영 오빠가 예전에 〈개그콘서트〉에서 '워워워'라는 힙합을 소재로 코너를 했는데, 그때 힙합 바지가 없어서 제 바지를 빌려 입고 방송을 했어요. 그때 "장기영 씨~ 방송에 입고 나온 힙합 바지 어디 제품이에요? 어디서 구매했는지 알려주세요!"라고 문의한 시청자들이 한둘이 아니었대요. 사실 그 바지는 제 스키니진인데 말이에요! 하하. 웃프죠?^^; 그 정도로 누구에게도 꿀리지 않는 굵은 허벅지의 소유자였어요. 체중 감량을 꽤 많이 했을 때도 허벅지가 심각하게 줄지 않았는데 더 노력하니 반으로 줄어들었어요. 허벅지 굵기를 줄이려면 도움이 되는 운동을 여러 번 반복하는 것이 좋아요. 아프다고 그만하는 것이 아니라, 찢어질 것 같아서 멈추는 것이 아니라. 안 찢어지거든요^^ 그때 살이 빠지는 거예

요. 10번씩 10세트만 하고 왜 허벅지가 안 줄지? 반문하면 안 돼요.^^

020 살을 빼고 싶은데 튼살이 생기는 게 싫어요. 튼살이 있으신가요? 있다면 관리는 어떻게 하셨나요?

A 103kg이었는데 튼살이 없겠어요? 최근에는 임신과 출산까지 했는데 당연히 있어요.

처음 체중 감량을 했을 때 사람들이 저한테 바람 빠진 풍선 같다고 했지만 꾸준한 운동과 식이요법으로 많이 개선되었어요. 이게 답이에요. 그 결과 평소나 방송에서도 짧은 바지나 치마, 민소매를 입을 수 있었지요. 당당하게 화보도 많이 찍을 수 있었고요. 튼살이 생기지 않게 하려면 보습을 잘해주는 거! 정말 중요해요. 몸이 건조하지 않게 오일이나 크림, 꼭꼭 듬뿍 발라주세요. 그 덕분에 임신으로 인한 튼살이 별로 없어서 31주 차 만삭 사진을 찍을 때도 스태프 앞에서 당당하게 배 노출을 할 수 있었어요. 그런데 튼살 좀 있으면 어때요? 세계적인 운동선수들의 발처럼 건강하게 체중을 감량하고 얻은 자랑스러운 튼살인걸요~ 튼살을 걱정하는 건 쓸데없는 시간 낭비!

021 운동하러 가기 싫을 때는 어떻게 하셨나요?

A 저는 헬스걸이라는 타이틀에 부적합한 사람이에요.

왜냐하면 운동을 좋아하는 사람이 아니거든요. 집에 운동기구가 있어도 안 하는데, 운동하러 가는 길은 얼마나 험하고 먼 길이었겠어요^^; 그런데 그냥 일단 갔어요. 그리고 운동을 시작했어요. 막상 10분만 지나도 땀이 나기 시작하고 땀이 나면 10분만 더 10분만 더 하다가 운동량을 다 채우게 되더라고요. 그리고 함께 운동하는 친구를 만드는 거, 가장 추천해요! 저는 배달 음식을 확!!! 줄이고 옷 사는 걸 확 줄여서 퍼스널 트레이닝을 받았고, PT를 하지 않는 날에는 신랑과 함께 운동장을 뛰거나 유튜브를 보며 따라 했어요. 혼자 뛰면 한 바퀴도 힘든데 함께 뛰면 10바퀴도 숨을 헐떡거리며 뛰게 되거든요.

022 평소 승모근이 고민이라 오프숄더를 입을 생각도 못 하겠어요.

A 평소 목이 너무 경직되지 않게 자세를 취하고 자주 스트레칭을 해주는 게 좋아요.

적당한 운동과 스트레칭이 필수인데 수건 양쪽 끝을 잡고 팔꿈치를 쭉 편 상태에서 머리 뒤로 넘기는 동작을 해보세요(사람마다 팔 넓이가 다르니 수건 길이는 조절해주세요). 머리 뒤로 넘길 때 목에 힘을 주지 말고 어깻죽지를 중앙 아래로 모은다는 느낌으로 쭈-욱 팔꿈치를 옆구리 쪽으로 내렸다가 다시 올려 처음 자세로 돌아오는 동작을 해보세요. 이때 목에 힘을 주기보다 등 쪽에 집중! 정말 꾸준히 관리해야 좋아져요:)

023 예전에 방송에서 언니가 배꼽에 10원짜리 동전을 끼고 다니면 뱃살이 빠진다고 말하는 걸 본 적이 있어요. 정말인가요?

A 맞아요. 제가 그렇게 말한 적이 있어요.

평소에 배에 힘만 잘 주고 다녀도 뱃살이 빠진다는 것은 과학적으로도 증명된 사실이거든요. 그런데 배에 힘을 주고 다니는 게 쉽진 않더라고요. 그런데 배꼽에 10원짜리 동전이나 배꼽 사이즈에 맞는 견과류 등 어떤 물체를 끼고 다니면 그게 떨어지지 않게 하려고 의식적으로 배에 힘을 쉼 없이 주게 되더라고요. 그래서 그런 이야기를 했지요. 배꼽에 뭘 끼우지 않더라도 코어 근육에 힘을 준다면 뱃살이 빠지는 데 도움이 될 거예요.

024 유산소운동과 무산소운동의 비중을 얼마로 하는지 궁금해요.

A 저는 유산소운동보다 무산소운동의 비중이 훨씬 높아요.

유산소운동은 무산소운동을 하기 전 5~10분가량 몸의 열을 올리는 정도로 하고, 무산소운동을 40~50분 했어요. 그 이상 하지는 않지만 중간에 쉬는 타이밍을 거의 가지지 않고 집중하죠. 체중 감량을 빨리 해야 하는 경우에는 무산소운동 후에 유산소운동을 40분 이상 추가했어요.

025 독박 육아를 하다 보니 운동을 따로 나가서 할 수 없어요. 홈트레이닝으로 강추하는 운동 3가지 궁금해요!

A 스쿼트, 데드리프트, 푸쉬업!

집중해서 바른 자세로만 한다면 이 3가지 운동만 해도 몸을 만들고 유지할 수 있어요!

026 땀을 많이 흘려야 살이 더 잘 빠진다는 게 사실일까요?

A 땀을 많이 흘리면 왠지 더 개운하고 몸에 있는 지방이 잘 연소된 것 같은 느낌이 들죠.

더 가벼워진 것 같고요. 그래서 땀복을 입고 하거나, 예전에 온몸에 랩을 둘둘 감고 운동하는 다이어트가 유행했던 적이 있었죠. 운동을 하면 몸에 저장되어 있던 탄수화물과 지방이 연소되는 과정에서 체온이 올라가게 돼요. 우리 몸은 체온을 낮추기 위해 땀을 내보내는 거고요. 이때 흘리는 땀에는 마그네슘, 칼륨 등 우리 몸에 필요한 전해질과 함께 수분이 빠져나갈 뿐 탄수화물과 지방이 많이 빠지지는 않아요. 단순히 땀만 많이 흘린다고 해서 살이 빠진다면 찜질방에서 가만히 누워 있거나 뜨거운 음식을 먹을 때 땀을 흘려도 살이 빠져야 하겠죠?^^ 이래서 살이 빠진다면 저는 저체중 자신 있어요! ㅎㅎ 결론은 땀을 많이 흘린다고 해서 살이 그만큼 많이 빠지는 것은 아니지만, 땀은 체온 조절과 더불어 몸속 노폐물을 내보내고 신진대사를 촉진하는 효과는 있답니다.

PART : 1
다이어트 한 그릇 밥

요즘은 다이어트를 할 때 탄수화물을 극도로 제한하고,
단백질 위주나 지방의 비율이 높은 식이요법을 고수하시는 분들이 많아요.
그러나 탄수화물은 우리 몸에 꼭 필요한 영양소이고,
식욕에 대한 강박증을 덜어주는 데에도 도움이 될 수 있어요.
이때 백미 대신 잡곡을 선택하거나, 밥 반 공기에 채소를 듬뿍 넣어 요리한다면
탄수화물에 대한 걱정을 덜 수 있을 거예요.

집에서 먹는 통영의 맛

충무김밥+오징어무침

미진이의
맛있는
이야기

아주 오래전 명동에서 충무김밥을 처음 접했어요. 랜드로버라는 신발가게 옆쪽에 있던 충무김밥집에 들어가 혼밥을 했던 기억이 나요. 그냥 김에 싼 밥 몇 개와 오징어무침, 섞박지라 불리는 무김치가 딸려 나왔죠. 비주얼이 간단해 그냥 밥을 김에 싸서 반찬과 함께 먹는 느낌일 거라 생각하고 오징어무침과 섞박지를 긴 꼬치에 꽂아 한입에 넣었는데 '오~' 3가지가 서로 어우러져 색다른 맛을 느꼈던 기억이 납니다. 그때 그 맛을 떠올리며 집에서도 쉽게 만들 수 있는 레시피를 만들어보았어요.

재료

오징어 ⅓마리
잡곡밥 150g
김밥용 김 2장
오이 ⅕개
양파 ⅙개

*양념장 :
고춧가루 1T
고추장 1t
식초 1t
다진 대파 1t
다진 마늘 1t
알룰로스 1T
참기름 1t
참깨 1t

❶ 오징어 ⅓마리는 껍질을 벗긴 다음 깨끗이 씻어 먹기 좋은 크기로 썰어서 끓는 물에 2분 정도 데쳐주세요.

❷ 오이 ⅕개, 양파 ⅙개는 채 썰어요.

❸ 고춧가루 1T, 고추장 1t, 식초 1t, 다진 대파 1t, 다진 마늘 1t, 알룰로스 1T, 참기름 1t, 참깨 1t을 섞어서 양념장을 만들어요.

❹ 데친 오징어와 채 썬 오이, 양파를 양념장에 버무려요.

❺ 4등분한 김 위에 잡곡밥 한 숟가락 정도 올리고 충무김밥 모양으로 돌돌 말아주세요.

❻ 충무김밥에 오징어무침을 곁들여 먹어요.

☆ 앗, 재료가 남았네! 보너스 레시피

재료

알알이곤약 3T, 보리 1T, 현미 1T, 찹쌀현미 1T, 김밥용 김 2장

'알알이곤약밥'으로 만든 충무김밥

❶ 알알이곤약 3T을 찬물로 가볍게 헹군 후 물기를 빼주세요.
❷ 보리 1T, 현미 1T, 찹쌀현미 1T을 깨끗이 씻어 물에 2~3시간 불린 후 밥을 지어주세요.
❸ 김 위에 알알이곤약밥을 올리고 충무김밥 모양으로 돌돌 말아주세요.

Tip. 알알이곤약밥으로 비빔밥을 해 먹어도 담백하니 맛있답니다! 알알이곤약은 평소 양만큼 먹어도 열량 섭취는 반으로 뚝 떨어져요^^ 다이어트에도 좋고 혈당 조절에도 Good!

매끈한 주황빛 비주얼

무생채주먹밥

미진이의
맛있는
이야기

쌀쌀해지기 시작하면 그냥 무만 먹어도 달큰하니 맛있죠? 무생채는 말할 것도 없고 생선조림 속 푸-욱 익힌 무, 무말랭이, 어묵탕에 들어 있는 무른 무, 고기를 싸 먹는 무쌈, 무를 듬성듬성 썰어 넣은 소고기 뭇국까지, 무가 들어가는 요리 중 맛없는 게 없네요. 엄마는 떡볶이를 할 때도 무채를 썰어 넣어 시원한 맛을 추가하는데, 그 덕분에 한 층 더 건강한 떡볶이가 만들어집니다. 엄마가 해주신 음식 때문인지 무는 제가 좋아하는 식재료 중 하나예요. 맛도 좋고 건강에도 좋은 무를 든든한 한 끼에 도전해보세요.

재료

잡곡밥 150g
무 100g
쪽파 1대
고춧가루 1T
다진 대파 1t
다진 마늘 ½t
알룰로스 1t
식초 1t
참깨 1t

❶ 무 100g은 얇게 채 썰고, 쪽파 1대는 쫑쫑 썰어주세요.

❷ 채 썬 무에 고춧가루 1T을 버무려 10분 동안 재워두었다가 물이 생기면 따라 버리세요.

Tip. 고운 고춧가루를 사용하는 게 좋아요.

❸ 고춧가루 버무린 무에 다진 대파 1t, 다진 마늘 ½t, 쫑쫑 썬 쪽파, 알룰로스 1t, 식초 1t, 참깨 1t을 넣고 조물조물 무쳐주세요.

❹ 10분 정도 지나 무 숨이 죽으면 잡곡밥 150g을 넣고 비벼주세요.

❺ 동글동글 예쁘게 주먹밥 모양으로 빚어요.

이렇게 먹으면 더 맛있다!

1. 밥에 참기름을 살짝 넣고 비벼도 맛있어요.

2. 집에서 먹을 땐 무생채주먹밥을 만들지 않고 그냥 비벼 먹어도 맛있어요~ 센스 있게 달걀 프라이 하나 추가!

3. 다진 생강이 있다면 아주 조금 넣어도 좋아요.

☆ 알고 먹으면 더 맛있다!
ㄴ 무는?

무에 함유된 비타민B, 비타민C, 아연 등이 피부를 건강하게 해주고 수분이 많아 피부를 촉촉하게 유지하는 데도 도움이 됩니다. 활성산소로부터 몸을 보호해주어 세균 감염 예방, 피로 해소, 노화 방지, 고혈압 개선, 나트륨 배출, 소화에도 좋으니 아삭아삭 무 요리 드시고 스트레스도 날려보시길 :)

가볍고 담백한 이탈리안 요리

닭가슴살콜리플라워리조토

미진이의
맛있는
이야기

얼마 전 이사를 했을 때, 장을 보지 못해 냉장고는 텅텅 비어 있고 배는 고픈 거예요. 과일즙이나 채소즙을 쭉 뜯어 마셔보았지만 허기는 가시지 않았어요. '배달 음식을 시켜 먹을까?' 잠시 생각했지만 남아 있는 재료들로 해 먹을 수 있는 요리로 닭가슴살리조토가 떠올랐어요. 리조토라는 이름만 들으면 뭔가 근사한 요리처럼 느껴지지만 이삿날에도 만들어 먹을 수 있을 정도로 아주 간편한 요리랍니다. 밥 대신 식감이 좋은 콜리플라워를 다져 넣으면 다이어트에도 도움이 될 거예요.

재료

닭가슴살 1덩이
현미밥 50g
콜리플라워 100g
양파 ½개
어린잎채소 1줌
된장 1T
물 300㎖
두유 30㎖(기호에 따라)

*닭가슴살을 삶기 번거롭다면 시판용 닭가슴살햄을 사용해도 됩니다.

❶ 닭가슴살 1덩이는 삶아서 먹기 좋게 찢고, 콜리플라워 100g은 쌀알 크기로 다져주세요.

Tip. 닭가슴살은 우유에 20분 정도 재워두었다가 삶으면 비린내를 없앨 수 있어요.

❷ 냄비에 물 300㎖와 양파 ½개를 넣고 센 불에 끓여 양파 육수를 만들어요. 한 번 끓어오르면 중불로 줄이고 뭉근히 더 끓여줘요.

❸ 양파를 건져내고 된장 1T을 풀어 팔팔 끓여주세요.

Tip. 양파 육수로 요리하면 양파 특유의 달콤한 맛과 향이 밥에 배어 맛이 한결 더 풍부해져요.

❹ 된장 푼 육수에 현미밥 50g, 찢은 닭가슴살, 다진 콜리플라워를 넣고 졸아들 때까지 중불에 익혀주세요. 기호에 따라 두유 30㎖를 넣어도 좋아요.

❺ 완성된 리조토 위에 어린잎채소 1줌을 올려 먹어요.

앗, 재료가 남았네!
보너스 레시피

재료

닭가슴살 1덩이, 현미밥 50g, 콜리플라워 100g, 양파 ½개, 어린잎채소 1줌, 물 300㎖, 무가당 생크림 200㎖, 저염 치즈 1장

닭가슴살크림소스리조토

❶ 닭가슴살 1덩이는 삶아서 먹기 좋게 찢고, 콜리플라워 100g은 쌀알 크기로 다져요.
❷ 냄비에 물 300㎖와 양파 ½개를 넣고 센 불에 끓여서 양파 육수를 만들어요.
❸ 양파를 건져낸 다음 무가당 생크림 200㎖, 저염 치즈 1장을 넣고 끓여주세요.
❹ ③에 현미밥 50g, 찢은 닭가슴살, 다진 콜리플라워를 넣고 졸아들 때까지 중불에 익혀요.
❺ 완성된 리조토 위에 어린잎채소 1줌을 올려 먹어요.

어떤 반찬에도 잘 어울리는 착한 밥

보리곤약우엉밥

미진이의
맛있는
이야기

고소한 우엉의 냄새와 곤약의 씹히는 맛이 좋은 밥이에요. 건강프로그램에서 암세포에 대한 이야기를 보게 됐는데, 암세포는 음성의 성질로 전이 확산되는 성격을 가져서 양성의 잡아주는 힘이 필요하다고 하더라고요. 그중 도움이 되는 음식으로 뿌리채소가 좋다는 걸 알게 됐고, 그때부터 보리곤약우엉밥을 자주 만들어 먹게 됐답니다. 밥을 할 때 간장양념을 살짝 하면 반찬 없이 한 그릇 밥으로도 즐길 수 있어요.

재료

보리 2T

귀리 1T

우엉 2㎝

알알이곤약 4T

❶ 보리 2T, 귀리 1T은 씻은 후 3시간 불린 다음 물기를 빼주세요. 알알이곤약 4T도 씻은 후 체에 걸러 물기를 빼요.

❷ 우엉 2㎝는 껍질을 벗기고 얇게 썰어 찬물에 30분 정도 담가요.

❸ 밥솥에 모든 재료를 넣고 밥물을 적당히 맞춘 뒤 취사 버튼을 꾸–욱 눌러주세요.

❹ 완성된 밥을 그릇에 담아주세요.

이렇게 먹으면
더 맛있다!

1. 백미밥은 당질 함량이 높아 다이어트를 할 때는 추천하지 않아요. 식이섬유 가득한 곡물과 알알이곤약을 활용해 밥을 지어 먹는 것을 추천해요! :)

2. 백미 대신 고구마나 감자를 넣고 밥을 지어도 정말 맛있어요!

찬밥, 너 몰라봤다

아란치니

미진이의
맛있는
이야기

버리기는 아깝고 그냥 먹기엔 난감한 찬밥. 천덕꾸러기 찬밥이 생길 때 하는 요리예요. 기름에 풍덩 튀기면 맛이야 더 있겠지만 오븐이나 에어프라이어로 만들어도 정말 맛있어요. 에어프라이어가 대중화되면서 착한 칼로리로 맛있는 요리를 많이 만들어 먹을 수 있어서 참 좋아요.

재료

닭가슴살햄 100g
달걀 1개
잡곡밥 150g
양파 ⅙개
다진 당근 2t
저염 치즈 1장
피자 치즈 1T
통밀빵가루 1T
통후추 간 것 조금
올리브유 조금

❶ 닭가슴살햄 100g, 양파 ⅙개, 당근 2t 분량을 잘게 다져주세요.

❷ 팬에 올리브유를 두르고 다진 닭가슴살햄, 양파, 당근을 넣고 양파가 투명해질 때까지 볶다가 잡곡밥 150g과 통후추를 갈아 넣고 더 볶아주세요.

❸ ②를 주먹밥처럼 만들어서 속에 피자 치즈 ¼T와 저염 치즈 ¼장을 넣고 동그랗게 빚어요.

Tip. 위 재료로 아란치니 4개를 만들었어요.

❹ ③에 통밀빵가루, 달걀물, 통밀빵가루 순서로 묻히고 오일스프레이를 뿌린 뒤 180℃로 예열한 오븐이나 에어프라이어에 10분간 구워주세요.

Tip. 중간에 익은 정도를 확인하고 뒤집어주세요.

이렇게 먹으면 더 맛있다!

1. 닭가슴살햄 대신 다진 돼지고기나 소고기를 넣어도 됩니다.

2. 치즈 대신 삶은 달걀 반 개를 넣어도 맛있어요.

3. 하인즈 노슈거 토마토케첩(또는 마맘 생토마토 케첩)이나 스리라차 소스에 찍어 먹어도 좋아요.

하와이안 무수비 부럽지 않은

치팸주먹밥

미진이의
맛있는
이야기

여의도에 있는 피트니스 센터로 매일매일 운동을 하러 다녔어요. 더울 때나 추울 때나 비가 오나 눈이 오는 날에도 매일 갔지요. 식사도 못 하고 수업을 하시는 선생님들이 안타까워 간편하게 후딱 먹을 수 있으면서도 몸을 만드는 데 방해가 되지 않는 음식을 만들어드렸어요. 어느 날은 밥에 멸치를 넣기도 하고, 어느 날은 채소를 가득 넣기도 하고, 어느 날은 꼬들꼬들한 무말랭이를 넣기도 했죠. 맛은 언제나 엄지척! 닭가슴살 햄인 치팸으로 맛있는 주먹밥을 만들어보았답니다.

재료

다진 보리새싹 2t
현미 1.5컵(종이컵)
치팸 ½캔
구운 김 ½장
참기름 1T

❶ 다진 보리새싹 2t을 넣고 현미밥을 지어요.

Tip. 보리새싹 대신 보리새싹 분말을 사용해도 좋아요.

❷ 치팸 ½캔을 1cm 두께로 썰어 팬에 구워요.

Tip. 굽기 전에 끓는 물에 한 번 데쳐도 좋아요.

❸ 현미밥에 참기름을 둘러 골고루 비빈 다음 치팸과 비슷한 크기로 뭉쳐주세요.

❹ 현미밥 위에 치팸을 올리고 구운 김으로 감싸주세요.

Tip. 김은 치팸과 밥이 떨어지지 않게 끈 역할을 할 수 있는 굵기로 잘라주세요.

이렇게 먹으면 더 맛있다!

1. 밥과 치팸 사이에 삶은 달걀을 슬라이스로 썰어 넣거나 구운 두부를 넣어 만들어도 좋아요.

2. 냉장고 속에 남아 있는 각종 채소를 다져 넣고 밥을 볶아 먹어도 맛있어요.

두반장 소스 없이 간단하게 만드는

마파두부덮밥

미진이의
맛있는
이야기

마파두부덮밥을 만들어보겠다며 두반장 소스를 사본 적이 있어요. 한 번 해 먹고는 아주 오랫동안 냉장고 속에 있다가 결국 음식물 쓰레기통으로 들어갔지요. 그러던 어느 날 백종원의 요리 프로그램에서 '두반장 소스 없이 만드는 마파두부덮밥'을 보았어요. '그것보다 더 간단하게 만들 수 없을까' 생각하다가 '두반장 소스가 발효한 콩에 고추, 소금 등의 향신료를 섞어 만드는 거니까, 된장과 고추장을 섞어도 되지 않을까?' 하고 나만의 두반장 소스를 만들었죠. 개인적으로는 중국집에서 파는 것보다 만족스러웠답니다.

재료

[2인분 기준]
돼지고기 다짐육 100g
잡곡밥 200g
두부 ½모
양파 ⅙개
양배추 1줌
대파 4㎝
고추장 0.8T
된장 0.8T
다진 마늘 0.5T
물 70㎖
올리브유 조금

❶ 두부 ½모, 양파 ⅙개, 양배추 1줌은 깍둑썰기를 하고, 대파 4㎝는 잘게 썰어요.

Tip. 두부는 큼지막하게, 채소들은 잘게 썰어요.

❷ 팬에 올리브유를 살짝 두르고, 잘게 썬 대파와 다진 마늘 0.5T을 볶다가 향이 올라오면 깍둑썰기를 한 양파, 양배추, 돼지고기 다짐육 100g을 넣고 볶아주세요.

❸ ②에 고추장 0.8T, 된장 0.8T을 넣고 더 볶아요.

❹ ③에 깍둑썰기를 한 두부와 물 70㎖를 넣고 촉촉하게 볶아주세요.

❺ 잡곡밥 200g에 마파두부를 얹어서 먹어요.

이렇게 먹으면 더 맛있다!

1. 두부는 단단한 부침용이나 한 번 구워서 사용할 것을 추천해요.
2. 돼지고기 대신 닭가슴살을 다져 넣어도 좋아요.
3. 취향에 따라 양념에 후춧가루를 살짝 추가해도 맛있어요.
4. 해물을 추가해도 OK!

고추장과 된장으로 만드는

두부고된볶음밥

미진이의
맛있는
이야기

두부에 쌈장을 올려 먹어도 맛있고, 고기에 쌈장을 올려 먹어도 맛있고, 고추장과 된장을 비율 좋게 넣어 끓인 된장국도 맛있잖아요. 볶음밥으로 만들어 먹어도 맛있을 거라는 생각으로 만든 고(추장)된(장)볶음밥이에요. 도시락으로 쌀 때는 볶은 후 주먹밥이나 삼각김밥 모양으로 만들어도 좋아요.

재료

잡곡밥 150g
두부 ½모
양파 ¼개
마늘 2개
올리브유 조금
들기름 조금

*양념장 :
된장 0.5T
고추장 0.3T
다진 마늘 0.5t

❶ 두부 ½모는 으깨고, 양파 ¼개는 잘게 다지고, 마늘 2개는 편으로 썰어요.

❷ 된장 0.5T, 고추장 0.3T, 다진 마늘 0.5t을 잘 섞어 양념장을 만들어주세요.

❸ 팬에 올리브유를 두르고 마늘편, 으깬 두부, 다진 양파, 잡곡밥 150g 순서로 넣고 볶아주세요.

❹ ③에 양념장을 넣어 센 불에 1~2분 정도 볶은 뒤 들기름을 조금 뿌려주세요.

이렇게 먹으면
더 맛있다!

1. 매콤한 맛을 원하면 청양고추를 잘게 썰어 넣어요.

2. 두부 대신 돼지고기를 넣어도 좋아요.

3. 김을 싸 먹어도 맛있고, 달걀 프라이 하나를 얹어서 먹으면 끝내준답니다.

4. 버섯이나 애호박 등을 잘게 다져 넣어도 맛있어요.

카레 가루 100% 활용법

카레주먹밥

미진이의
맛있는
이야기

남편은 카레를 엄청나게 좋아해요. 밥을 먹고 더 먹는 경우는 별로 없는데 카레를 해주면 꼭 조금씩이라도 더 먹어요. "오늘은 뭐 먹고 싶어?"라고 물어보면 10번 중 7번은 "카레"라고 대답할 정도예요. 그런데 이날은 몸이 무거워서 깍둑썰기마저도 귀찮은 맘이 들었고, 카레에 빠질 수 없는 양파도 사러 나가야 하는 상황이었어요. 그래서 카레 가루를 이용해 카레주먹밥을 만들어주기로 하고 토핑은 냉장고 속 재료를 털어 여러 가지 맛으로 만들어주었어요. 골라 먹는 재미도 있어 더 맛있는 카레주먹밥입니다.

재료

잡곡밥 200g
구운 김 1장
브로콜리 ¼개
카레 가루 2T
소금 조금

❶ 잡곡밥 200g에 카레 가루 2T을 넣고 잘 섞어요.

❷ 브로콜리 ¼개는 잘게 썰어요.

❸ 팬에 잘게 썬 브로콜리를 살짝 볶은 후 ①의 카레밥을 넣고 섞어서 소금으로 간을 해주세요.

❹ ③을 주먹밥으로 뭉쳐주세요.

Tip. 주먹밥 틀을 이용해도 좋고 손으로 원하는 모양으로 만들어도 좋아요.

❺ 주먹밥을 구운 김으로 감싸주세요.

이렇게 먹으면
더 맛있다!

1. 노란 카레밥에 검정색 김으로 웃는 얼굴 모양도 만들고, 삼각김밥처럼 싸기도 하고, 별이나 하트 모양으로 오려서 올리면 재미도 있어요.

2. 메추리알 프라이나 새우, 닭가슴살햄을 구워서 올리기도 하고, 마늘 플레이크를 만들어서 뿌려도 맛있어요.

3. 카레 재료인 감자, 돼지고기, 당근, 양파 등을 잘게 다져서 카레밥을 만들어도 좋아요.

새콤 담백 든든

김치롤

미진이의
맛있는
이야기

다이어트를 시작하면 김치도 못 먹는다고 생각하는 사람들이 많지요? 안심하세요. 피트니스 대회 나가는 몸을 만드는 게 아니라면 어느 정도의 김치(끼니당 100g 정도)는 먹어도 되거든요! 제 다이어트 경험을 바탕으로 자신 있게 말씀드릴 수 있어요. 김치에는 유산균과 식이섬유도 많이 들어 있어서 다이어트할 때 도움이 된답니다. 양념을 씻어내 염분을 줄이면 더 좋겠죠? 익은 김치로 김치롤을 만들면 양념을 씻어내더라도 아주 맛있게 먹을 수 있어요. I LOVE KOREA, I LOVE Kimchi!

재료

익은 김치 5장
현미밥 100g
두부 ⅓모
닭가슴살 1덩이
참기름 조금

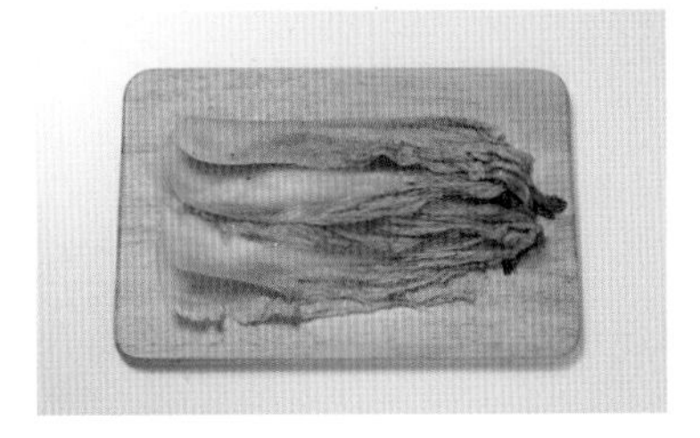

❶ 익은 김치 5장은 물에 양념을 씻어내고 물기를 꽉 짜주세요.

❷ 두부 ⅓모는 물기를 제거한 뒤 으깨고, 닭가슴살 1덩이는 삶아서 다져주세요.

Tip. 닭가슴살을 삶기 귀찮으면 삶아 나온 완제품을 사용해도 됩니다. 저는 허닭 완제품을 사용했어요.

❸ 현미밥 100g에 으깬 두부와 다진 닭가슴살을 섞어 주먹밥을 만들어요.

❹ 물에 씻은 김치 위에 주먹밥을 올려 돌돌 말고 참기름을 살짝 발라주세요.

이렇게 먹으면 더 맛있다!

김치롤을 반으로 잘라 한입 크기로 만들어 도시락을 싸보는 것도 추천해요!

담백한 보양식

닭가슴살삼계탕

미진이의
맛있는
이야기

2010년도쯤 남편이 어머니를 모시고 경복궁역에 있는 삼계탕집에 갔는데, 대기줄이 엄청 길었대요. 기다리면서 바로 앞에 서있는 젊은 여자에게 "여기는 왜 이렇게 인기가 많아유?"라고 물어봤는데 아무말도 안하더래요. 그래서 못 들었나싶어 한번 더 물어보았더니 "따이완~~~"이라고 대답했대요. 타이완 분이셨던거죠. 30분 이상 기다려 먹은 삼계탕도 서비스로 나온 인삼주도 다 맛있었다고 해요~ 닭가슴살만으로 삼계탕을 만들어 보았어요. 맑은 국물의 가벼운 삼계탕이라 식이조절 중 간편히 만들어 먹기 딱 좋아요.

재료

닭가슴살 1덩이
마늘 2개
생강 ½개
새송이버섯 ½개
대파 5cm
물 900mℓ(종이컵 5컵 분량)
소금 ½t
후춧가루 조금

❶ 닭가슴살 1덩이는 먹기 좋은 크기로 썰어서 소금 ½t을 뿌려주세요.

❷ 마늘 2개는 반으로 자르고, 생강 ½개는 얇게 썰고, 새송이버섯 ½개도 먹기 좋은 크기로 썰어주세요.

❸ 냄비에 닭가슴살, 마늘, 생강, 새송이버섯을 넣고 물 900mℓ를 부어 30분가량 끓여주세요.

❹ 닭가슴살삼계탕을 그릇에 담고 대파 5cm를 송송 썰어서 얹어주세요. 입맛에 맞게 소금 간을 하고 후춧가루를 뿌려서 먹어요.

이렇게 먹으면
더 맛있다!

1. 다이어트 중에 죽은 안 먹는 게 좋지만 삼계탕 국물에 냉장고 속 야채를 다져 넣고 죽을 끓이면 든든한 한 끼가 됩니다.

2. 물에 빠진 고기를 싫어하는 사람들이 있어요. 바로 우리 아빠와 제 남편이죠. 그런 분들을 위해 같은 재료와 레시피에 물 양만 적게 넣어서 삼계탕 대신 삼계밥을 만들어 보세요. 처음 경험해보는 요리에 깜짝 놀라고 말 거예요.

다진 생강이 들어가 건강하고 담백한

대파규동

미진이의
맛있는
이야기

대파가 이렇게 맛있을 일이야! 우연히 놀러 간 펜션에서 처음 '칼숏(대파구이)'을 먹어봤어요. 새까맣게 탄 파의 모습은 충격이었죠. 파의 하얀 부분을 태워 먹는 요리거든요. 그런데 그 까맣게 탄 부분(겉껍질)을 벗기고 한입 베어 먹었더니… 와!!!! 예술이었어요!! 야외에서 바비큐 파티를 할 때면 꼭 대파를 준비해서 칼숏을 해 먹곤 하지만 집에서 대파를 까맣게 태워 먹기는 쉽지 않으니, 파의 아삭한 식감과 특유의 매력적인 맛을 살려줄 레시피를 만들어보았어요.

재료

얇게 썬 불고기용 소고기 150g

현미밥 200g

파 ½대

물 150㎖

*양념장 :

다진 생강 1t

올리고당 2t

저염간장 2t

후춧가루 조금

❶ 파 ½대는 채를 썰어서 얼음물에 10분가량 담갔다가 물기를 빼주세요.

❷ 볼에 다진 생강 1t, 올리고당 2t, 저염간장 2t, 후춧가루를 섞어서 양념장을 만들어요.

❸ 불고기용 소고기 150g에 양념장을 버무려 재워두세요.

❹ 팬에 양념한 소고기를 볶다가 고기 색이 변하면 물 150㎖를 붓고 더 볶아주세요.

❺ 현미밥 200g 위에 파채와 불고기를 얹어서 먹어요.

이렇게 먹으면
더 맛있다!

1. 대파규동 위에 반숙 달걀이나 수란을 올려서 먹으면 더 맛있어요.

2. 불고기용 소고기를 가장 많이 사용하는데 우둔살, 사태살, 안심살, 설도살 등 지방이 적은 부위는 어느 것이든 좋아요. 지방이 적절히 있는 부위를 원한다면 등심을 추천합니다.

먹으면 먹을수록 건강해지는

양배추달걀밥

미진이의 맛있는 이야기

다이어터, 헬스걸, 건강 전도사 등의 수식어가 붙었지만 실상은 그렇지 못할 때가 많았어요. 부끄러울 만큼 불규칙적인 식사, 가끔이지만 끊을 수 없는 폭식, 빈속에 아메리카노 마시기, 맵고 짠 자극적인 음식 즐기기, 거기에 음주까지…. 당연히 위가 안 좋아지기 마련이죠^^; 위 건강을 위해 양배추를 먹기 시작하다 어릴 적부터 즐겨 먹던 달걀밥에 양배추를 넣어 볶아봤어요. 기대보다 훨씬 맛있고 포만감도 좋아서 권미진 레시피로 등극했답니다.

재료

잡곡밥 150g
양배추 ¼통(100g)
달걀(노른자 1개, 흰자 2개)
간장 ½T
참기름 조금
올리브유 조금

❶ 양배추 ¼통은 깨끗이 씻어서 막 썰어주세요.

Tip. 아무 모양이나 상관없이 막 썰어도 되지만 보기 좋으려면 채썰기를 추천해요.

❷ 팬에 올리브유를 두르고 달걀 스크램블을 만들어요.

❸ ②에 양배추를 넣고 볶다가 잡곡밥 150g, 간장 ½T, 참기름 조금 넣고 한 번 더 볶아주세요.

❹ 고슬고슬하게 볶은 양배추달걀밥을 그릇에 담아 먹어요.

이렇게 먹으면 더 맛있다!

양배추달걀밥을 만들 때 양배추 대신 배추를 사용해도 좋아요. 배추를 볶을 때는 마른 고추를 잘게 부숴서 조금 넣어도 맛있답니다. 배추가 양배추보다 더 시원한 맛이 있어요:)

요리가 쉬워지는 **꿀팁**

채 썬 양배추는 비닐봉지에 넣고 느슨하게 묶어 전자레인지에 1분에서 1분 30초 정도 돌려서 사용하면 조리 시간이 줄어들어요.

앗, 재료가 남았네! 보너스 레시피

양배추김치

❶ 양배추 ¼통은 한입 크기로, 쪽파와 미나리는 먹기 좋은 크기로 썰어요.

Tip. 다진 마늘은 시판 냉동 마늘보다 그때그때 다져 쓰는 것을 추천합니다.

❷ 물 ½컵에 소금 ½T을 넣어 소금물을 만들어요. 이 소금물에 양배추를 30분간 절인 후 찬물에 헹궈 물기를 빼주세요.

❸ 고춧가루, 다진 마늘, 다진 양파, 매실액을 섞어서 양념장을 만들어요.

❹ 양배추에 양념장을 잘 버무린 후 쪽파와 미나리를 넣고 한 번 더 버무린 다음 통깨를 뿌리면 완성! Tip. 돼지고기 요리에 곁들여 먹으면 좋아요.

재료

양배추 ¼통, 쪽파, 미나리,
물 ½컵(종이컵), 소금 ½T,
고춧가루, 다진 양파,
다진 마늘, 매실액, 통깨 조금

PART : 2

밥 대신 가벼운 한 끼

밥 대신 한 끼 뚝딱 할 수 있는 다이어트 요리예요.
이 파트에는 다이어트 중이라면 절대 먹지 못할 치킨, 피자, 전 같은 요리나
밥 대신 메밀면으로 채운 김밥 등과 같은 다이어트 아이디어 레시피를 담았어요.
중요한 건, 건강에도 좋다는 사실! 다이어트도 즐겁고 건강하게 하자고요!

치킨이 먹고 싶은 날에는

라이스페이퍼치킨

미진이의
맛있는
이야기

언젠가부터 치킨을 '치느님'이라 부르고 있지요. 처음 그 단어를 접하고는 '치킨이 얼마나 맛있으면 신에 비유할까' 싶어 웃었던 기억이 나네요. 하.지.만 다이어트를 할 때 치킨은 참아야 할 음식 중 하나예요. 그래도 치킨만은 포기할 수 없다며 다이어트 치킨을 만들어보았어요. 치킨에 달걀물을 바르고 호밀빵 가루를 묻혀 구워보기도 했고, 에이스 과자를 부숴서 묻혀보기도 했죠. 이렇게 실패에 실패를 거듭해서 만든 라이스페이퍼치킨이 다이어트 치킨으로는 제일 만족스러웠어요.

재료

닭가슴살 1덩이
라이스페이퍼 4장
다진 마늘 1t
소금 조금
후춧가루 조금

❶ 닭가슴살 1덩이를 한입 크기로 썰고 다진 마늘 1t, 소금 조금, 후춧가루 조금 넣어 밑간을 해요.

❷ 라이스페이퍼 4장은 반으로 자른 뒤 흐물거릴 때까지 찬물에 담가주세요.

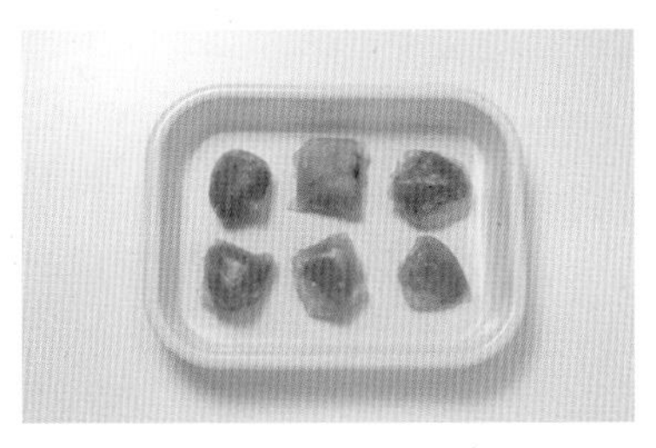

❸ 라이스페이퍼 위에 닭가슴살을 올리고 말아주세요.

❹ 180℃로 예열된 에어프라이어에 10분간 굽고, 뒤집어서 20분 더 구워요.

이렇게 먹으면 더 맛있다!

1. 소금이나 후춧가루 대신 카레 가루를 넣어도 맛있어요.

2. 탕수육 소스에 찍어 먹거나 부어 먹으면 닭가슴살 탕수육 완성!

3. 닭고기 대신 두부, 가지, 버섯 등을 넣어도 OK! 여기도 탕수육 소스를 곁들이면 맛있어요.

앗, 재료가 남았네! 보너스 레시피

간단히 만드는 탕수육 소스

재료

식초 4T, 알룰로스 4T, 저염간장 1T, 마맘 생토마토 케첩 2T, 고구마 전분 적당량, 냉장고 속 채소 (오이, 당근, 양파, 파프리카 등)

❶ 팬에 기름을 살짝 두르고 적당히 썬 채소들을 볶아주세요.
❷ 볶은 채소에 식초 4T, 알룰로스 4T, 저염간장 1T, 마맘 생토마토 케첩 2T, 고구마 전분 적당량을 넣고 보글보글 끓이면 끝!

Tip. 고구마 전분으로 입맛에 맞게 농도를 조절해주세요.

치킨과 짝꿍 라이스페이퍼피자

재료

라이스페이퍼 1장, 달걀 1개, 토핑 재료(닭가슴살햄, 기름기 뺀 참치, 새우 등), 냉장고 속 채소(양파, 피망 등), 모차렐라 치즈 2T

❶ 달걀 1개를 풀어 달걀물을 만들어주세요.
❷ 팬에 기름을 살짝 두르고 라이스페이퍼 1장을 올린 후 달걀물 2T을 골고루 발라주세요.

Tip. 처음부터 끝까지 약불에 요리해주세요.

❸ 준비한 토핑과 냉장고 속 재료를 모두 올리고, 마지막에 모차렐라 치즈 2T을 뿌린 후 뚜껑을 덮고 익혀주세요.

Tip. 스리라차 소스, 하인즈 노슈거 토마토케첩 등을 뿌려 먹으면 더 맛있어요.

진짜 피자보다 훨씬 맛있네?

가지구이피자

미진이의
맛있는
이야기

성인이 되기 전까지는 가지를 싫어했어요. 다이어트를 시작하고 요리 공부를 하면서 가지가 좋다는 것을 알게 됐어요. 하지만 가지의 식감이나 요리했을 때의 색깔 때문에 꺼리는 사람들이 많죠. 가지구이피자는 '가지를 어떻게 하면 맛있게 먹을 수 있을까' 생각하다가 만든 요리예요. 가지 모양으로 만들어보기도 했는데, '나는 가지로 만든 요리다!'라고 보여주는 모양보다는 피자 같은 모양일 때 조금 더 친숙하고 맛있다는 반응을 보이더군요. 가벼운 맥주 안주로도 추천합니다!

재료

통밀 토르티야 1장
가지 100g
피자 치즈 ⅔컵(종이컵)
바질페스토 1T
어린잎채소 1줌
올리브유 조금

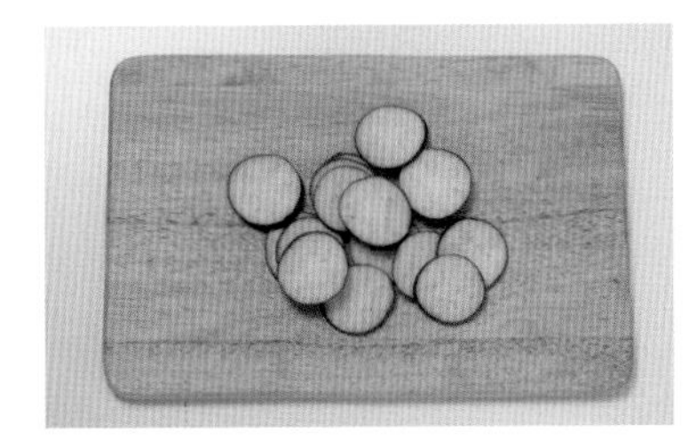

❶ 가지 100g을 얇게 썰어요.

❷ 통밀 토르티야 1장을 펼쳐 얇게 썬 가지를 올리고 바질페스토 1T을 바른 다음, 피자 치즈 ⅔컵을 올리고 올리브유를 전체적으로 살짝 발라주세요.

Tip. 오일스프레이를 사용하면 편해요.

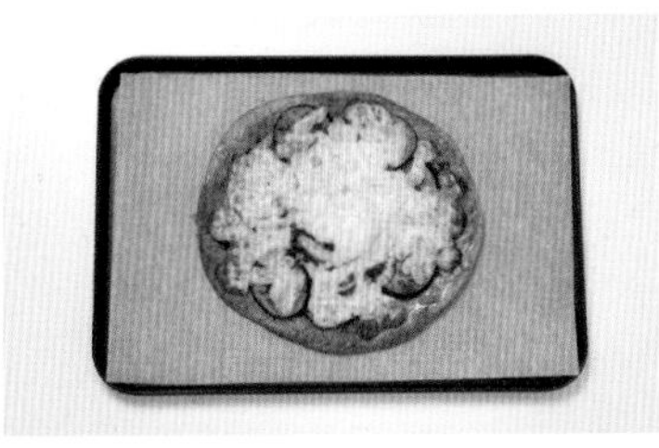

❸ 180℃로 예열한 에어프라이어나 오븐에 10분간 구워요.

Tip. 중간중간 익은 정도를 확인하며 구워주세요.

❹ ③에 어린잎채소 1줌을 올려서 먹어요.

이렇게 먹으면 더 맛있다!

1. 가지를 얇게 썰어 노릇하게 구우면 쫄깃함이 더해져 더욱 맛있어요.
2. 발사믹 소스를 살짝 찍어 먹으면 새콤달콤한 맛을 즐길 수 있어요.
3. 바질 향을 싫어한다면 바질페스토 대신 토마토소스 1T을 발라 구워도 됩니다.

☆ 알고 먹으면 더 맛있다!

ㄴ 칼로리 낮고 건강에 좋은 **가지**

가지에는 안토시아닌과 폴리페놀 등 항산화 성분이 다량 함유되어 있어 고혈압, 동맥경화, 암 예방 및 개선, 콜레스테롤 상승 억제, 시력 향상, 빈혈 예방, 뇌기능 향상 등에 효과가 있어요. 무엇보다 안토시아닌은 인슐린 생성을 높이는 효과가 있어 당뇨병을 예방하고 치유하는 데 효과적! 수분 함량이 높고 칼로리도 낮아 다이어트에도 도움이 되고 식이섬유와 수분이 풍부해 장내 노폐물 제거에도 좋지요. 가지의 조직을 잘 살펴보면 스펀지 같죠? 기름진 요리에 곁들이면 가지가 몸속 기름을 흡수해서 배출하는 데 도움이 된답니다.

채소를 듬뿍 넣어 씹는 맛이 살아 있는

닭가슴살전

미진이의
맛있는
이야기

'다이어트를 하면 돈이 많이 든다'는 말은 공감하지 않아요. 물론 시판 도시락이 비싼 건 사실이에요. 하지만 직접 만들어 먹는다면 이야기가 달라지겠죠? 시장이나 마트에 장을 보러 갈 때도 꼭 주말 밤을 이용하는 편이에요. 그 이유는 채소부터 고기까지 건강한 식재료들을 그 시간대에 할인 판매를 많이 하기 때문이지요. 할인하는 재료들을 사서 모두 합쳐 만들어 먹은 것 중 하나가 닭가슴살전이에요.

재료

닭가슴살 1덩이
우유(닭가슴살 1덩이가 잠길 만큼)
달걀흰자 1개
양파 ¼개
브로콜리 ⅛개
당근 ⅙개
통밀가루 1T
후춧가루 조금
올리브유 조금

*닭가슴살 대신 돼지고기로 만들어도 OK!

❶ 닭가슴살 1덩이, 양파 ¼개, 브로콜리 ⅙개, 당근 ⅙개를 잘게 다져주세요.

Tip. 닭가슴살은 조리 전 우유에 30분간 담가서 비린내를 없애주세요. 닭가슴살을 믹서에 갈면 편하지만 식감이 떨어지니 번거롭더라도 칼로 다지는 걸 추천!

❷ 다진 닭가슴살과 채소에 달걀흰자 1개, 통밀가루 1T, 후춧가루 조금 넣고 골고루 섞어주세요.

❸ 섞은 반죽을 동글납작하게 빚은 후 오일스프레이를 살짝 뿌려 프라이팬에 노릇노릇 구워요.

❹ 그냥 먹어도 맛있지만 기호에 맞는 소스를 곁들여 먹어도 좋아요.

이렇게 먹으면 더 맛있다!

1. 구하기 쉽고 가격도 싸면서 칼로리는 낮고 필수아미노산이 풍부한 고단백 저칼로리 식품 '버섯'. 수분 함량이 높아 신진대사를 활발하게 해주는 버섯을 닭가슴살전에 넣어도 좋아요.

2. 스리라차 소스, 하인즈 노슈거 토마토케첩, 저칼로리 양념치킨 소스 등을 찍어 먹어도 맛있어요.

☆ 앗, 재료가 남았네! 보너스 레시피

닭가슴살햄

재료

닭가슴살 1㎏, 매실액 6T, 로즈마리 2T, 천일염 조금, 후춧가루 조금, 레몬즙 3T(오렌지, 자몽, 귤 등 상큼한 과즙으로 대체 가능), 물 적당량

❶ 닭가슴살 1㎏에 매실액 6T, 로즈마리 2T, 천일염 조금, 후춧가루 조금, 레몬즙 3T을 넣고 잘 버무려주세요.
❷ ①을 밀폐용기에 담아 하루 정도 숙성해요.
❸ 숙성한 닭가슴살을 꺼내 물기를 제거해요.
❹ 냄비에 물을 적당량 담고 끓으면 불을 끄자마자 닭가슴살을 넣은 다음 뚜껑을 닫고 7시간 동안 그대로 둬요.

Tip.1 시중에 판매하는 닭가슴살햄처럼 전자레인지에 데우거나 프라이팬에 살짝 구워 먹어요.
Tip.2 지퍼백에 넣어두면 5일 이상 보관할 수 있어요.

우아하게 썰고 싶은 날엔

두부스테이크

미진이의
맛있는
이야기

할머니는 사랑방 아궁이에 장작을 피워 가마솥에 늘 두부를 만드셨어요. 콩을 이틀 정도 불리고 맷돌에 갈아 가마솥에 끓여서 광목 자루(면포)에 치대어 콩물을 쫙 빼고 다시 그 콩물을 가마솥에 붓고 간수를 넣어 끓이면 몽글몽글 순두부가 생겨요. 그 순두부를 두부 틀에 넣고 두부를 만들었던 기억이 납니다. 그래서 어릴 때부터 두부를 참 좋아했지요. 다이어트 메뉴를 짤 때도 두부를 활용한 레시피가 많아요. 할머니의 손맛이 그리워질 땐 다이어트 두부 메뉴를 만들어 먹는답니다.

재료

두부 100g
새송이버섯 ½개
피망 ½개
양파 ⅙개
저염간장 2T
다진 마늘 1T
알룰로스 1t
참기름 1t
올리브유 1t

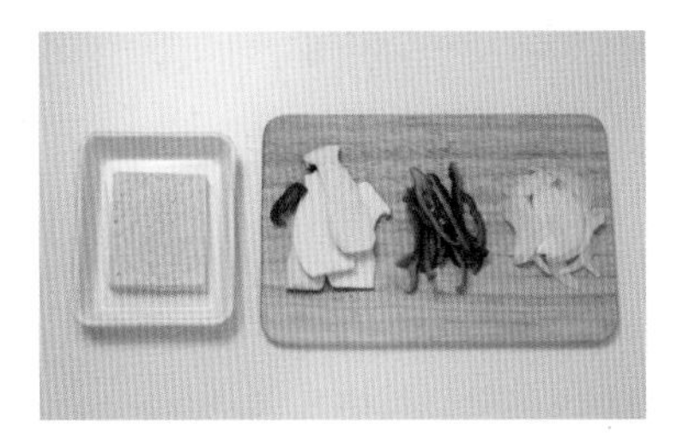

❶ 두부 100g을 1㎝ 두께로 썰어 키친타월에 올려 물기를 제거하고, 새송이버섯 ½개는 납작하게 썰고, 피망 ½개, 양파 ⅙개는 채를 썰어요.

❷ 프라이팬에 올리브유를 살짝 두르고 두부와 새송이버섯을 앞뒤로 노릇노릇 구워 접시에 담아주세요.

❸ 채 썬 양파와 피망을 볶다가 저염간장 2T, 다진 마늘 1T, 알룰로스 1t, 참기름 1t을 넣고 볶아주세요.

Tip. 센 불에 짧게 볶는 것이 좋아요.

❹ 접시에 두부를 담고 볶은 새송이버섯, 양파, 피망 순으로 올려요.

이렇게 먹으면 더 맛있다!

1. 달걀 프라이를 곁들여 먹으면 더 맛있어요.
2. 새송이버섯뿐 아니라 냉장고 속 어떤 버섯(양송이버섯, 표고버섯 등)을 넣어도 좋아요.
3. 기름기를 꼭 짜낸 참치를 곁들여 먹어도 맛있어요.

앗, 재료가 남았네! 보너스 레시피

재료
위와 동일

으깬 두부스테이크

두부를 으깨서 두부 스테이크를 만들 수도 있어요. 으깬 두부를 면포에 싸서 물기를 꽉 짠 후 다진 채소를 섞어주세요. 예쁜 모양을 만들려면 부침가루 ½T을 넣어주세요.

Tip. 부침가루를 너무 많이 넣으면 열량도 올라가지만 두부 스테이크가 딱딱해지니 꼭 ½T만!

깻잎과 두부의 환상 궁합

깻잎두부롤

미진이의
맛있는
이야기

깻잎은 신진대사를 도와 혈액순환을 촉진해줘요. 식탁 위의 명약이라고도 불리죠. 건강식을 하는 우리는 깻잎과 친하게 지내야 한답니다. 향긋한 깻잎과 고소한 두부의 조합은 맛은 물론 속도 든든하게 채워주어 한 끼 식사로 손색이 없지요.

재료

두부 ½모
깻잎 10장

*양념장 :
다진 실파 1T
간장 1T
다진 마늘 0.5t
고춧가루 1꼬집
참기름 조금

❶ 깻잎 10장을 찜기에 찌고, 두부 ½모는 직사각형 모양으로 썰어 찜기에 찌거나 프라이팬에 구워주세요.

Tip. 깻잎 대신 쌈케일로 바꾸어도 좋아요.

❷ 다진 실파 1T, 간장 1T, 다진 마늘 0.5t, 고춧가루 1꼬집, 참기름 조금 섞어서 양념장을 만들어요.

❸ 찐 깻잎 2장을 겹쳐놓고 가운데 두부를 올려 위쪽 깻잎을 먼저 접은 후 아래쪽 깻잎으로 또르르 말아주세요.

Tip. 두부 대신 닭가슴살, 돼지고기 등을 직사각형 모양으로 썰어서 넣거나 잡곡밥을 넣어도 좋아요.

❹ 완성된 깻잎두부롤을 접시에 담은 후 양념장을 올리거나 찍어 먹어요.

요리가 쉬워지는 꿀팁
ㄴ 금방 시들어버리는 깻잎,
10일은 살리자!

마트에서 깻잎은 주로 1묶음 500원, 3묶음 1,000원에 판매하는데 가격 대비 양이 많은 3묶음을 사게 마련이에요. 하지만 깻잎은 금방 시들어버려서 한 번에 다 먹지 않으면 쓰레기통으로 들어가게 되죠. 하지만 이제는 걱정하지 마세요. 씻지 않은 깻잎을 유리병에 줄기가 아래로 향하게 넣고 줄기가 잠길 정도로 물을 부은 다음 뚜껑을 닫아 냉장 보관하면 10일은 신선하게 유지된답니다.

앗, 재료가 남았네!
보너스 레시피

깻잎죽

재료

현미 ¼컵, 깻잎 4장, 참기름 조금, 들깨 1t, 소금 조금

❶ 미리 불려둔 현미 ¼컵을 탈탈 털어 물기를 빼고 냄비에 참기름을 둘러서 볶아주세요.

❷ 볶은 현미에 물을 넣고 끓여주세요. 이때 현미가 퍼지는 정도와 죽의 농도는 취향에 맞게 조절해주세요. Tip. 죽은 쌀의 4~6배로 불어나는 것을 감안해 물을 조절하세요.

❸ 죽이 거의 다 익으면 다진 깻잎 4장과 들깨 1t을 넣어주세요.
Tip. 깻잎을 믹서에 갈아 깻잎즙을 내서 넣어도 좋아요.

❹ 입맛에 맞게 소금 간을 해주세요. Tip. 죽을 좀 더 부드럽게 만들려면 현미를 으깨거나 삶아 블렌더로 살짝 갈아주세요. 핸드블렌더를 사용하면 편해요.

바삭깻잎두부롤

재료

깻잎두부롤, 라이스페이퍼

❶ 완성된 깻잎두부롤을 물에 적신 라이스페이퍼에 올리고 돌돌 말아주세요.

❷ ①을 에어프라이어에 구우면 바삭바삭한 일품요리가 됩니다.

이토록 달콤한 닭가슴살이라니!

고구마롤

미진이의
맛있는
이야기

다이어트를 시작하고 나서 부모님이 작은 텃밭에 가족이 먹을 고구마 농사를 짓기 시작했어요. 그 덕분에 고구마를 실컷 먹을 수 있었죠. 쪄 먹어도, 구워 먹어도, 튀겨 먹어도, 고구마 면을 뽑아 먹어도, 하다못해 생으로 먹어도 맛있는 고구마! 제 머릿속에 고구마 조리법은 정말 많답니다. 다이어트 재료에서 빠질 수 없는 단백질 가득한 닭가슴살과 곁들여도 환상의 맛을 낼 수 있는 레시피를 연구하다 탄생한 레시피예요.

재료

닭가슴살 1덩이
고구마 1개(주먹 크기)
소금 조금
올리브유 조금
기호에 따라 토마토케첩 등 소스

*닭가슴살 대신 닭 안심이나 돼지 앞다리살, 뒷다리살, 안심, 등심을 사용해도 좋아요. 지방이 적은 부위라면 어떤 것이든 OK!

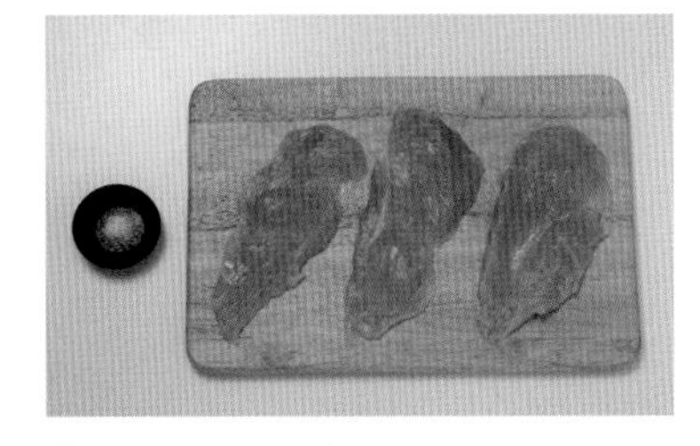

❶ 닭가슴살 1덩이를 가로로 얇게 썰어서 비닐을 덮고 밀대로 민 다음 두드려서 얇게 만들어 소금을 살짝 뿌려주세요.

Tip. 토마토케첩이나 머스터드 소스 등에 찍어 먹는다면 소금 간을 하지 않아도 됩니다.

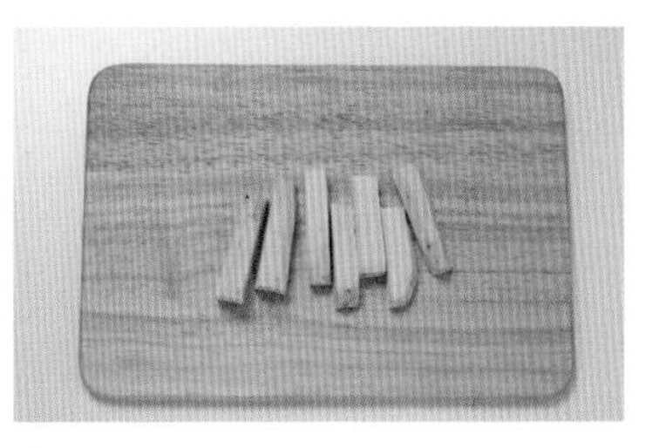

❷ 고구마는 스틱 모양으로 썰어요.

❸ 얇게 민 닭가슴살 위에 고구마 스틱을 올리고 돌돌돌 말아요.

Tip. 고구마 스틱은 미리 익혀두는 것이 좋아요.

❹ ③에 올리브유를 살짝 바른 후 프라이팬에 돌돌 굴려가면서 속까지 익혀주세요.

Tip. 기호에 따라 토마토케첩이나 머스터드 소스 등을 찍어 먹어요.

요리가 쉬워지는 꿀팁
ㄴ 고구마 스틱 초간단 요리법

1. 고구마를 깨끗이 씻은 후 껍질째 스틱 형태로 썰어주세요.
2. 전자레인지 용기에 고구마 스틱을 담고 뚜껑을 닫아 2분간 익혀주세요.
3. 뚜껑을 열고 2분 더 익히면 완성!

앗, 재료가 남았네!
보너스 레시피

고구마에그슬럿

재료
고구마 200g,
저지방 우유 500㎖, 달걀 1개,
슬라이스 치즈 1장,
소금 조금, 후춧가루 조금

❶ 고구마 200g을 쪄요. Tip. 고구마를 전자레인지 용기에 담아 물을 조금 뿌리고 5분간 익혀주면 편해요.
❷ 찐 고구마 껍질을 벗겨내 으깬 다음 저지방 우유 500㎖를 부어 질척하게 섞어요.
Tip. 고구마 양에 따라 질척하게 농도를 조절하세요.
❸ ②에 달걀 1개를 넣어요. 달걀노른자는 터질 수 있으니 포크로 콕 찍어주세요. 슬라이스 치즈 1장을 쭉쭉 찢어 달걀 테두리에 얹고 소금과 후춧가루를 조금씩 뿌려주세요.
❹ 랩을 씌워 2분→30초→30초 순서로 3번 익혀요.

고구마김치전

재료
고구마 200g, 묵은 김치(4T 분량),
다진 마늘(1개 분량),
참기름 조금, 올리브유 조금

❶ 고구마 200g을 쪄서 껍질을 벗겨내고 으깨주세요.
❷ 묵은 김치 4T을 물에 씻어 잘게 썰고 물기를 꽉 짜주세요.
❸ 팬에 잘게 썬 묵은 김치, 다진 마늘, 참기름을 넣고 볶아주세요.
❹ 볶은 김치에 으깬 고구마를 골고루 섞어 반죽을 만들어주세요. 프라이팬에 올리브유를 살짝 두르고 반죽을 호떡처럼 노릇하게 구워주세요.

비 오는 날 유독 당기는 노 밀가루전

김치전

미진이의
맛있는
이야기

〈리틀 포레스트〉는 참 예쁜 영화예요. 예쁜 김태리 배우가 시루떡, 꽃잎 파스타, 감자빵, 밤조림, 수제비, 배추부침에 막걸리까지 만들어 먹는 걸 보고 여러 번 침을 꼴깍 삼켰지요. '다 맛있겠다' 생각했지만 그중 김치전이 가장 먹어보고 싶어서 '미진's 리틀 포레스트 김치전'을 만들어봤어요.

재료

김치 2장
참치 ½캔(또는 두부 ⅓모)
달걀 1개
아몬드 가루 3T
고춧가루 1T
통깨 조금
올리브유 조금

❶ 김치 2장을 잘게 썬 다음 기름기를 꽉 짠 참치 ½캔(또는 물기를 꽉 짜서 으깬 두부 ⅓모), 달걀 1개, 아몬드 가루 3T, 고춧가루 1T을 잘 섞어주세요.

❷ 프라이팬에 올리브유를 살짝 두르고 한입 크기로 김치전을 부쳐주세요.

Tip. 치즈를 더해 치즈 김치전을 만들어 먹어도 좋아요.

❸ 접시에 담은 뒤 통깨를 뿌려요.

앗, 재료가 남았네!
보너스 레시피

재료

김치 2장, 토마토 1개, 토마토소스 1T, 고춧가루 0.5T, 올리고당 2t, 올리브유 조금

토마토볶음김치

❶ 김치 2장은 물에 헹구고 물기를 꽉 짠 다음 잘게 썰어주세요. 토마토 1개도 잘게 썰어요.

❷ 팬에 올리브유를 살짝 두르고 잘게 썬 김치, 토마토, 토마토소스 1T, 고춧가루 0.5T, 올리고당 2t을 넣고 볶아주세요.

Tip. 잡곡밥을 비벼 먹어도 맛있고, 두부를 따끈하게 찌거나 구워서 곁들여도 좋아요.

재료

토마토 1개, 무 20g, 쪽파 1대, 미나리 2대, 고춧가루 1T, 매실액 1T

토마토김치

❶ 토마토 1개는 4등분으로 칼집을 내주세요.

Tip. 200g 크기의 약간 덜 익은 토마토가 좋아요. 토마토는 꼭지가 싱싱하고 껍질이 탄력 있으면서 색이 짙고 윤기 나는 것을 고르세요.

❷ 무 20g은 채를 썰고, 쪽파 1대, 미나리 2대는 먹기 좋게 썰어요.

❸ 볼에 채 썬 무, 쪽파, 미나리를 담고 고춧가루 1T, 매실액 1T을 넣어 골고루 무쳐요.

❹ 칼집 낸 토마토 속에 ③의 양념을 넣어주세요. Tip. 숙성되기 전 신선할 때 먹어야 해요.

배추가 이렇게 달콤했나

배추롤

미진이의
맛있는
이야기

배추는 늘 맛있지만 특히 겨울이나 연말쯤이면 생배추만 씹어 먹어도 달고 맛있어요. 그래서 배추롤은 겨울에 더 자주 만들어 먹게 된답니다. 당근이나 양파 등 다른 채소를 다져 넣어도 맛있지만 개인적으로는 깔끔하게 파만 넣은 배추롤이 제 취향에 잘 맞는 것 같아요. 당신의 배추롤 취향이 궁금하네요.

재료

소고기 우둔살 200g
배추 8장
쪽파 3대
간장 1t
참기름 1t

❶ 배추 8장을 끓는 물에 살짝 데친 후 식혀주세요.

Tip. 노란 배추 속으로 만들면 더 맛있어요.

❷ 소고기 우둔살 200g, 쪽파 3대를 잘게 다진 후 간장 1t, 참기름 1t을 넣고 버무려요.

❸ 데친 배추를 펼치고 배추 끝부분에 ②를 올리고 돌돌 말아주세요.

❹ 배추롤을 찜기에 15분간 쪄주세요.

이렇게 먹으면 더 맛있다!

1. 간장 소스나 스리라차 소스에 찍어 먹으면 맛있어요.
2. 깻잎 향을 좋아한다면 깻잎도 잘게 썰어 넣어도 성공적인 요리가 될 거예요.
3. 배추가 없으면 배추김치를 씻어서 말아보세요.

식감 100점, 영양 200점

소고기연근참깨부침

미진이의
맛있는
이야기

"올해는 국산 참깨가 귀해서 비싸지만 미진이 주려고 샀어."
"참깨로 참기름 내려놨으니 가지고 가라."
저를 잘 아는 엄마는 햇참깨가 나면 꼭 참기름과 참깨를 볶아 챙겨줘요. 들기름 1병 먹을 때 참기름 3병을 먹는, 들깨 1통 먹을 때 참깨 3통을 먹는 참깨파! 텔레비전에서 팽현숙 선배님이 모든 음식의 마무리로 참깨를 올리는 것을 보고 마치 제 모습을 보는 것 같았어요. ㅎㅎ 참깨의 고소한 매력에 빠질 수 있는 요리랍니다.

재료

얇게 썬 소고기 100g
연근 100g
달걀 1개
참깨 3T
천일염 조금
후춧가루 조금
통밀가루 조금
올리브유 조금

❶ 얇게 썬 소고기 100g, 연근 100g을 먹기 좋은 크기로 썰고 천일염과 후춧가루로 밑간을 한 다음 10분간 재워둬요.

❷ 달걀 1개를 풀어 달걀물을 만들고, 소고기와 연근에 통밀가루, 달걀물 순으로 묻혀요.

❸ ②에 참깨를 충분히 묻혀요.

❹ 프라이팬에 올리브유를 살짝 두르고 중불에 구워주세요.

Tip. 그냥 먹어도 좋지만 튀김처럼 간장+식초에 찍어 먹어도 맛있어요.

☆ 알고 먹으면 더 맛있다!

ㄴ 참깨의 놀라운 효능

참깨에 들어 있는 리그난 성분은 고혈압을 낮추는 데 도움이 되고 심혈관계의 부담을 줄이며 심장 건강을 강화하는 효과가 있어요. 마그네슘 성분은 혈관 확장제 역할을 해서 혈관을 이완시키고 스트레스나 불안감을 감소시키는 역할을 하죠. 섬유질이 풍부해 소화에 좋고 위장병 위험도 낮춰줘요. 변비나 설사를 예방하고 유해 콜레스테롤도 제거해 내장을 보호한답니다. 모발 건강 증진에 도움이 되는 식물성 폴리페놀 성분도 풍부해요. 칙칙한 머리카락을 윤기 있게 만들어주고 혈관, 뼈, 관절의 건강을 강화하며 염증을 낮추는 효과도 있어요.

고소하고 향긋해 또 생각난다

참치깻잎전

미진이의
맛있는
이야기

차곡차곡 쌓여 있는 깻잎을 보면 깻잎 머리가 생각나서 '픕' 하고 웃게 돼요. 중학교 시절 유행했던 깻잎 머리. 지금 보면 너무 촌스러운데 그땐 그 머리를 왜 그렇게 하고 다녔을까요? 개그맨 지망생이던 시절, 개그우먼 김혜선 언니와 신대방삼거리역에서 술 한잔하고 서로의 학창 시절 이야기를 나누며 이마에 깻잎을 붙이고 수다를 떨었던 기억을 떠올리며 자주 해 먹어도 질리지 않는 참치깻잎전을 만들어보았어요.

재료

두부 ½모
참치 1캔
깻잎 6장
달걀 1개
소금 1꼬집
후춧가루 1꼬집

❶ 두부 ½모는 물기를 꽉 짜서 으깨고, 참치 1캔은 체에 받쳐 기름을 빼고, 깻잎 6장은 채를 썰어주세요.

Tip.1 참치 기름은 부칠 때 조금 사용할 테니 버리지 마세요.

Tip.2 두부의 물기를 꽉 짜낼수록 바삭하고 단단한 전이 됩니다.

❷ ①에 달걀 1개, 소금 1꼬집, 후춧가루 1꼬집을 넣고 잘 섞어주세요.

❸ 프라이팬에 참치 기름을 살짝만 두르고 중불에 노릇하게 구워요.

Tip. 숟가락으로 소복하게 떠서 구우면 먹기 좋은 크기가 됩니다.

이렇게 먹으면
더 맛있다!

1. 매콤한 맛을 원하면 청양고추를 넣어주세요.

2. 참치 대신 간 돼지고기를 넣어도 맛있어요.

꼬들하고 아삭한 식감이 일품

쌈두부토르티야

미진이의
맛있는
이야기

참 좋아하는 사람 중 한 사람인 양성균 오빠! 103kg일 때부터 지금까지 체중 감량을 도와주는 멋진 오빠랍니다. 오빠가 좀 더 색다른 토르티야 요리를 개발하던 중 제게 "만들자마자 먹으면 참 맛있지만 싸놓고 시간이 조금 지나면 특유의 밀 냄새가 나는데, 그 냄새를 어떻게 없애면 좋을까?" 하고 물어보기에 "오빠! 토르티야 대신 요즘 많이들 활용하는 쌈두부로 싸봐요. 단백질이라 건강을 생각하거나 다이어트를 하는 사람들한테는 더 좋을 거예요."라고 얘기해주었어요. 쌈두부토르티야는 식감이 참 매력 있답니다.

재료

닭안심 100g
쌈두부 4장
로메인 4장
파프리카 ½개
양파 ⅙개
양배추 ⅙개
홀그레인 머스터드 1T

❶ 닭안심 100g은 삶아서 찢고, 파프리카 ½개, 양파 ⅙개, 양배추 ⅙개는 채를 썰어요.

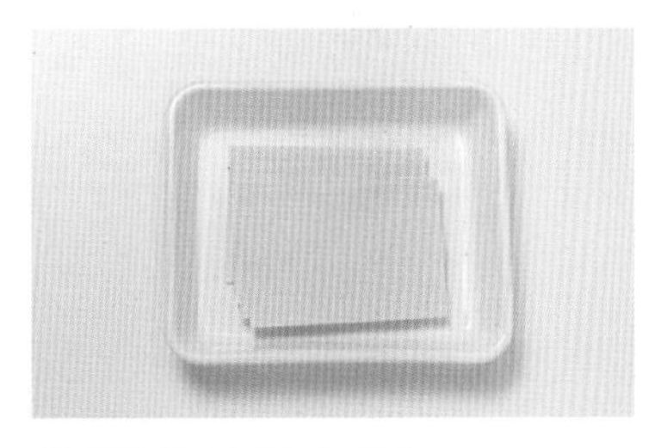

❷ 쌈두부는 물기를 제거해요.

❸ 랩을 깔고 순서대로 쌈두부 4장, 로메인 4장(2X2 형태로), 닭안심, 채 썬 파프리카, 양파, 양배추, 홀그레인 머스터드 1T을 쌓아 올려 잘 말아주세요.

Tip. 일반 랩을 사용하면 말기가 힘들어요. 샌드위치나 토르티야 등을 쌀 때는 글래드 매직 랩을 추천해요.

❹ 먹기 좋게 잘라요.

이렇게 먹으면 더 맛있다!

1. 로메인은 일반 상추보다 쓴맛이 덜하고 특유의 아삭한 식감이 있어요. 로메인 대신 잎이 큰 채소를 사용해도 되고, 각종 채소도 입맛에 맞는 것으로 바꿔도 좋아요.

2. 닭안심 대신 소고기나 돼지고기를 넣어도 맛있어요.

3. 고기를 손질하고 굽기 귀찮을 때는 닭가슴살햄을 넣어보세요. 시판용 닭가슴살햄은 여러 가지 맛이 있으니 다양하게 토르티야를 만들 수 있어요. 어느 날은 칠리맛, 어느 날은 바비큐맛, 어느 날은 카레맛! 시판용 닭가슴살햄을 넣을 때는 홀그레인 머스터드를 생략해도 됩니다.

4. 코코넛 향을 좋아한다면 쌈두부 대신 코코넛 랩으로 토르티야를 싸보는 것도 좋은 방법!

유부 속 두부와 채소가 가득

메추리알사각유부초밥

미진이의
맛있는
이야기

2014년 8월에 메추리알 유부초밥을 처음 만들었어요. 손이 크다 보니 좀 많이 넉넉했죠. 덕분에 주위 사람들도 제 도시락을 함께 맛볼 수 있었는데 그때마다 레시피를 물어보더군요. 제가 레시피를 말해주면 지인들은 "재료도 쉽게 구할 수 있고 만드는 법도 어렵지 않은데 왜 막상 만들면 너랑 같은 맛이 안 나지?"라며 칭찬해주곤 했어요. 그때 어깨가 한껏 올라간 제가 했던 대답을 생각하면 아직도 피식 웃음이 나네요. "손이 아닌 마음으로 만들었고, 최고의 조미료는 사랑과 정성, 그리고 마음"이라고. ㅋㅋㅋ

재료

부침용 두부 ½모
사각유부 8장
애호박 ⅙개
당근 ⅙개
메추리알 8개
올리브유 조금

① 부침용 두부 ½모는 물기를 빼서 으깨고, 애호박 ⅙개, 당근 ⅙개는 잘게 다져요. 사각유부 8장은 물기를 꽉 짜주세요.

② 팬에 으깬 두부와 다진 당근, 애호박을 살살 볶아요.

③ 사각유부 8장에 ②를 꾹꾹 눌러 넣어주세요.

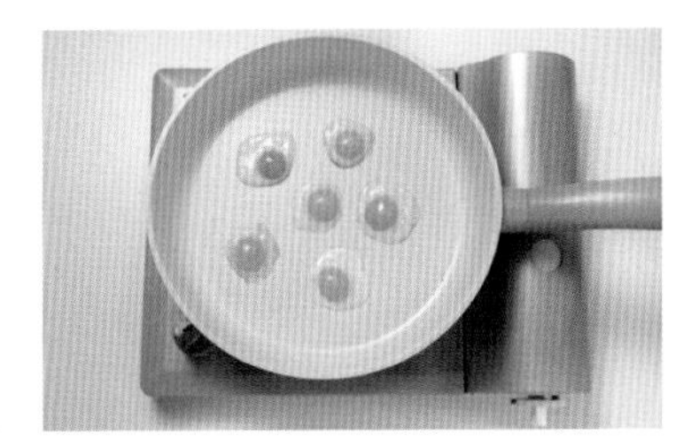

④ 팬에 올리브유를 살짝 두르고 메추리알 프라이를 해주세요.

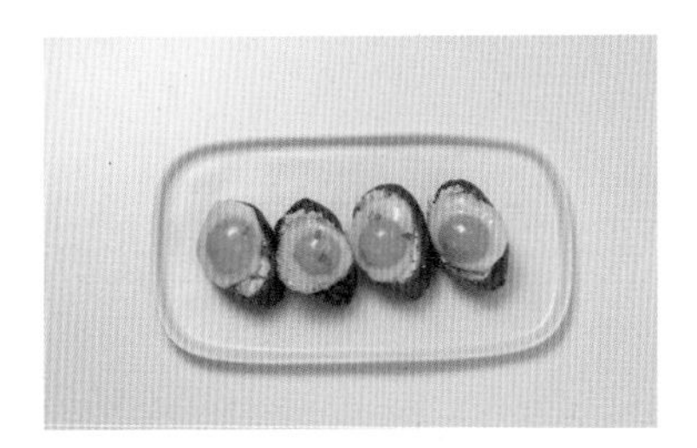

⑤ 메추리알 프라이를 유부초밥 위에 올려요.

이렇게 먹으면 더 맛있다!

1. 두부 대신 시판용 닭가슴살을 넣어도 좋아요.
2. 애호박과 당근이 없다면 유부에 함께 들어 있는 플레이크를 넣어도 됩니다.

밥 대신 저열량 메밀면으로

메밀김밥

미진이의
맛있는
이야기

제가 메밀 좋아하는 걸 아는 지인분께서 유명하다며 메밀면을 선물로 주셨는데 메밀면의 식감과 특유의 구수함을 더해 만들어본 김밥이에요. 요즘은 저열량 김밥을 많이 선호하기 때문에 메밀김밥을 파는 곳도 꽤 생겼어요. 음식점에서 메밀김밥을 만나면 고민하지 않고 주문해 먹곤 했죠. 척박한 땅에서도 2~3개월이면 영그는 강한 메밀처럼 우리의 다이어트도 건강한 음식으로 잘 채워가며 영글면 좋겠어요. 파이팅!

재료

메밀면 500원짜리 동전만큼
김밥용 김 1장
달걀 4개
오이고추 1개
저염간장 2T
참기름 1T
소금 조금

1 달걀 1개를 풀고 소금 간을 한 뒤 두툼하게 달걀말이를 만들어요.

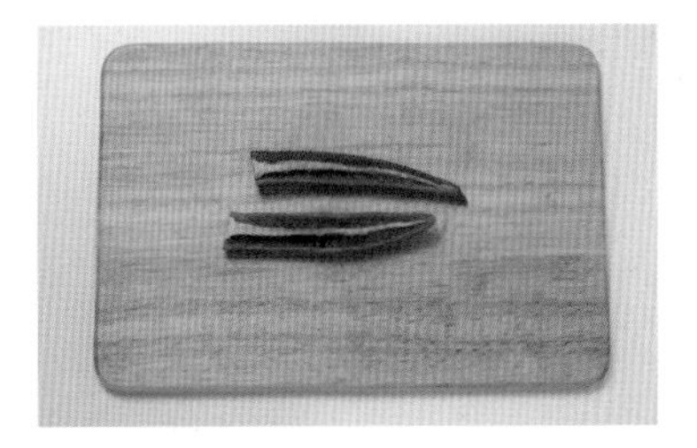

2 오이고추 1개는 씨를 빼고 반으로 잘라요.

Tip. 오이고추의 양은 맘껏 늘려도 되고 채를 썰어도 좋아요.

3 메밀면을 삶아 최대한 물기를 짠 뒤 저염간장 2T, 참기름 1T을 버무려주세요.

Tip. 메밀면이 끓어오르면 찬물을 부어 또 한 번 끓이는 과정을 2번 반복해주세요. 면을 짤 때는 채소 탈수기를 활용하면 편해요.

4 김밥용 김 1장을 깔고 메밀면, 달걀말이, 오이고추 순서대로 차곡차곡 올려요.

Tip. 김밥용 김의 거친 면에 재료를 올려서 싸주세요.

5 김밥처럼 돌돌 말아 썰어주세요.

이렇게 먹으면 더 맛있다!

1. 간장+식초+생와사비를 섞어 초간장을 만들어서 콕 찍어 먹어도 맛있어요.
2. 매콤한 걸 좋아하면 오이고추 대신 청양고추를 넣어보세요.
3. 좀 더 고소한 맛을 느끼고 싶다면 아보카도를 넣어도 좋아요.
4. 오이, 깻잎, 당근 등 김밥에 들어가는 채소들을 넣어도 됩니다.

스팸 대신 치팸, 반하고 말 거야!

치팸멘보샤

미진이의
맛있는
이야기

안 먹어본 다이어트 음식이 없는 것 같아요. 새롭게 출시된 것은 무조건 사서 먹어보는데, 그중 괜찮다 싶은 건 주변에도 추천하고 꾸준히 사서 먹어요. 치팸(닭가슴살햄)도 그런 제품 중 하나! 스팸과 비교해보면 칼로리, 나트륨, 지방, 포화지방, 콜레스테롤이 낮고 단백질 함량은 좀 더 높거든요. 특히 지방류와 나트륨에 차이가 있답니다. 확실히 스팸보다 덜 짠데 그렇다고 맛은 큰 차이 없는 것이 장점이에요.

재료

치팸 100g
두부 ½모
새우살 100g
달걀흰자 1개
올리브유 조금

*치팸 1캔은 200g이에요.

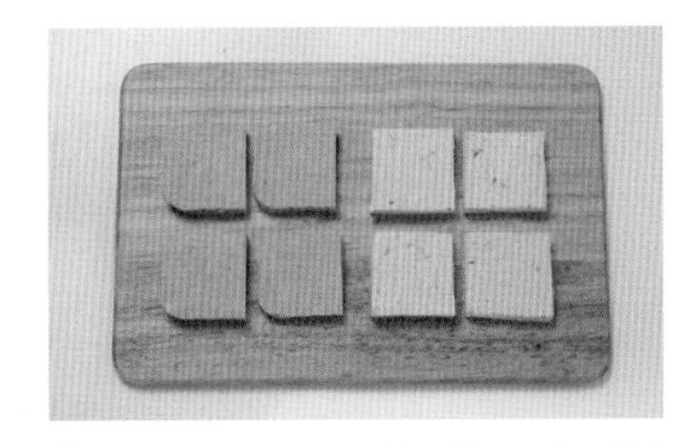

❶ 치팸 100g, 두부 ½모는 같은 크기로 잘라주세요. 두부를 키친타월에 올려 물기를 빼주세요.

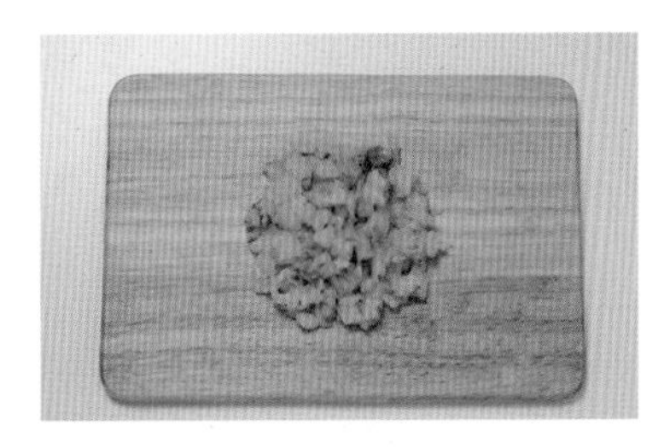

❷ 새우살 100g은 다져주세요.

Tip. 씹는 식감을 살리기 위해 너무 잘게 다지지 않는 것이 좋아요.

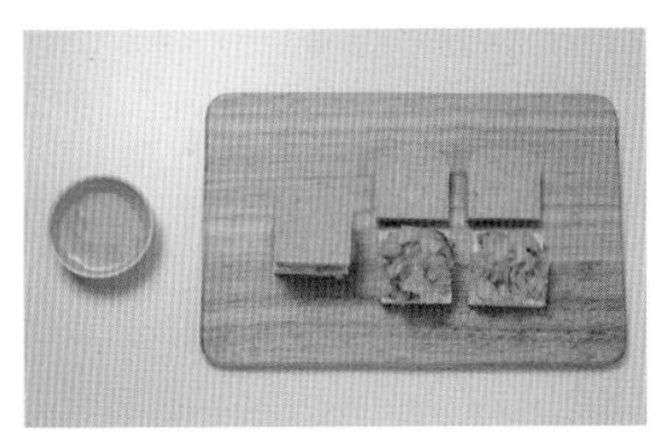

❸ 두부 위에 달걀흰자를 바르고 다진 새우살을 올린 후 달걀흰자를 바른 치팸으로 덮어주세요.

❹ 오일스프레이를 한 번 뿌리거나 요리용 붓으로 올리브유를 살짝 발라서 180℃로 예열한 에어프라이어에 15분간 구워주세요.

이렇게 먹으면 더 맛있다!

스리라차 소스나 하인즈 노슈거 토마토케첩 또는 마맘 생토마토 케첩, 다이어트 양념치킨 소스를 찍어 먹어도 맛있어요. 최근에 '벨라' 양념치킨 소스를 먹어봤는데 다이어터들에게 추천 추천!

요리가 쉬워지는 **꿀팁**

1. 치팸은 굽지 않고 끓는 물에 데쳐 먹어도 좋아요.
2. 에어프라이어가 없다면 뚜껑 있는 팬에 오일스프레이를 뿌리고 치팸 멘보샤를 올려 양쪽을 구워주면 됩니다. 이때 약불에 천천히 익혀야 바삭바삭 더 맛있어요.

앗, 재료가 남았네!
보너스 레시피

재료

달걀 2개, 치팸 ½캔,
잡곡밥, 김밥용 김 1장,
참기름 약간

치팸무수비

❶ 달걀 2개를 풀어서 지단으로 굽고 알맞은 크기로 썰어요.
❷ 치팸 ½캔을 알맞은 크기로 잘라 구워주세요. Tip. 한 번 데쳐서 구워도 좋아요.
❸ 김밥용 김 1장도 치팸과 같은 크기로 잘라요.
❹ 잡곡밥은 참기름으로 밑간을 해요.
❺ 틀 안에 잡곡밥, 치팸, 달걀지단, 잡곡밥 순서로 얹어 꾹 눌러주세요.
Tip. 무수비 틀이나 치팸 통에 랩을 깔고 사용해도 됩니다.
❻ ⑤를 꺼내 김으로 말아주면 완성.

만두보다 건강하고 맛있어

유부복주머니만두

미진이의
맛있는
이야기

결혼식을 앞두고 신랑이 다이어트를 하겠다고 하더군요. 저와는 다르게 살이 쪄본 적이 없는 남편은 당연히 제한된 식단을 해본 적이 없었죠. 누구나 한 번쯤은 먹는 닭가슴살햄도 먹어본 적이 없더군요. 그래서 제가 다이어트 식단으로 준비해준다고 하니 당연히 밍밍하고 맛이 없을 거라고 생각했대요. 다이어트 요리는 맛없다고 생각하는 신랑에게 어떤 요리로 그 생각을 바꿔줄까 하고 맨 처음 만들어준 것이 유부복주머니만두예요. 다행히 신랑은 맛있다며 손뼉을 쳐줬어요. 성공적!

재료

두부 ⅙모

간 돼지고기 50g

사각유부 8장

부추 동전 크기만큼

숙주 2줌

팽이버섯 ¼봉지

브로콜리 ⅒개

미나리 줄기 동전 크기만큼

소금 조금

❶ 부추, 숙주 2줌, 팽이버섯 ¼봉지, 브로콜리 ⅒개를 잘게 썰어서 간 돼지고기 50g, 으깬 두부 ⅙모와 골고루 섞고 소금 간을 해서 만두소를 만들어요.

❷ 사각유부 8장에 만두소를 넣고 미나리로 꽉 묶어주세요.

❸ 완성된 유부복주머니 만두를 찜기에 15분간 쪄주세요.

요리가 쉬워지는 **꿀팁**

1. 돼지고기 대신 닭가슴살로 만들면 다이어트에 좋아요. 닭가슴살은 삶아서 깨끗한 고무장갑을 끼고 박박 문지르면 쉽게 찢어집니다.

2. 유부는 두부를 튀겨 만든 것이니 끓는 물에 한 번 데쳐 기름기를 제거하면 칼로리를 더 낮출 수 있어요.

앗, 재료가 남았네!
보너스 레시피

재료

두부 1모, 간 돼지고기 50g,
숙주 2줌, 포기김치 1장,
달걀 1개,
부추 · 양파 · 당근 조금씩,
라이스페이퍼 8장,
천일염 ½t, 올리브유 조금,
참기름 조금

라이스페이퍼만두

❶ 숙주 2줌은 살짝 데쳐서 물기를 꽉 짜고, 포기김치 1장도 찬물에 씻은 후 물기를 꽉 짜요.

❷ 데친 숙주, 씻은 포기김치, 부추, 양파, 당근을 쫑쫑쫑 썰어요.·

❸ 두부 1모는 키친타월에 올려 물기를 뺀 다음 으깨주세요.

❹ 프라이팬에 올리브유를 살짝 두르고 간 돼지고기 50g을 볶아주세요.

❺ 손질한 모든 재료에 달걀 1개, 천일염 ½t을 골고루 섞어 만두소를 만들어주세요..

❻ 라이스페이퍼를 찬물에 담갔다가 꺼내 말랑해진 상태에서 만두소를 올리고 잘 말아 찜통에 살짝 쪄주세요.

Tip. 에어프라이어나 오븐에 살짝 구워도 맛있고 전자레인지에 쪄도 됩니다. 라이스페이퍼는 네모난 것을 사용해야 잘 터지지 않아요.

PART : 3

다이어트 반찬

다이어트를 할 때 체중 감량만큼이나 중요한 건,
모든 영양소가 고루 들어 있는 균형 잡힌 식단이에요.
자칫하다가는 생리불순이 되거나 탈모가 되기도 하니까요.
한번 무너진 건강을 다시 되돌리기 어려워요. 특히 밥을 주식으로 하는
우리나라 식단에서 반찬의 재료와 조리법만 잘 선택한다면,
건강하고 효율적인 다이어트가 가능할 겁니다.

당근이 이렇게 맛있었어?

당근라페

미진이의
맛있는
이야기

'당근이 이렇게 맛있는 채소였나' 싶어 놀라고 '웡?' 하는 감칠맛에 한 번 더 놀라는 요리에요. 고기나 빵에 곁들여 먹으면 좋아요. 원래 당근을 그다지 좋아하지 않지만, 다이어트와 건강에 좋은 걸 알기에 가까워지려고 노력해왔죠. 그래도 익숙해지기는 쉽지 않아서 카레, 김밥, 해독 주스… 특유의 맛이 두드러지지 않는 음식들을 주로 먹었어요. 그러다 '어떻게 하면 당근을 더 맛있게 먹을 수 있을까?' 하고 유튜브를 찾아보던 중 발견한 요리가 바로 당근라페! 당근라페를 만난 후로는 당근을 좋아하게 됐답니다.

재료

당근 1개

*소스 :
레몬즙 2T
홀그레인 머스터드 1T
올리브유 3T

❶ 깨끗이 씻은 당근 1개를 최대한 얇게 채 썰어요.

Tip. 채칼이나 스파이럴라이저를 사용하면 쉬워요.

❷ 레몬즙 2T, 홀그레인 머스터드 1T, 올리브유 3T을 섞어 소스를 만들어요.

Tip. 개인의 취향에 따라 소금과 후춧가루를 조금 첨가해도 좋아요.

❸ 채 썬 당근에 소스를 붓고 골고루 섞어주세요.

Tip.1 레몬즙은 레몬을 직접 짜서 사용해도 좋지만, 시판 레몬즙을 사용해도 됩니다.

Tip.2 라페(râper)'는 프랑스어로 '썬다, 잘게 간다'는 뜻이래요. '라페'라는 요리 이름처럼 당근을 잘게 썰어 요리할수록 더 맛있어요!

이렇게 먹으면 더 맛있다!

1. 당근라페는 바로 먹어도 되지만, 실온에 3시간 두었다가 냉장 보관해두면 올리브유의 풍미를 느낄 수 있어요.

2. 홀그레인 머스터드가 들어가 톡 쏘는 매력이 있어서 고기나 빵에 곁들여 먹으면 좋아요. 특히 빵 위에 크림치즈를 살짝 바르고 당근라페를 듬뿍 올려 먹어도 아주 맛있답니다.

3. 밥에 당근라페를 버무려 주먹밥을 만들어보세요. 정말 맛있어요!

지긋지긋한 닭가슴살 아닌 흐뭇한 닭요리!

닭볶음탕

미진이의
맛있는
이야기

제한적인 식단으로 다이어트를 하다 보니 언젠가부터 식사 시간이 기다려지지 않고 힘들게 느껴졌어요. 반복되는 식재료와 채소 가득한 음식 앞에서 한숨만 휴~ 쉴 때가 많았죠. 다른 육류에 비해 지방은 적고 단백질 함량이 높은 닭고기. 하지만 한창 다이어트를 할 때는 잠시 닭이 싫어지기도 했어요. 그때 만들어 먹은 닭볶음탕! 매콤달콤한 닭볶음탕은 거부할 수 없었어요. 닭이 싫었던 게 아니라 맛없는 닭요리가 싫었던 거예요.

재료

닭 250g(닭 ¼마리)
당근 ¼개(50g)
양파 ¼개
대파 ¼대
물 300㎖
올리브유 1T

*양념장 :
파프리카 ⅙개
고춧가루 1t
고추장 2T
간장 1t
올리고당 1t
참기름 1t
다진 마늘 1t
후춧가루 1꼬집

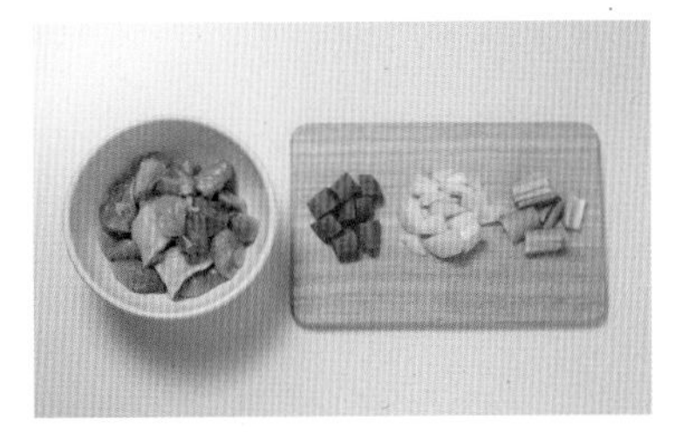

❶ 닭 250g, 당근 ¼개, 양파 ¼개, 대파 ¼대는 먹기 좋게 썰어주세요.

❷ 파프리카 ⅙개를 다지고 고춧가루 1t, 고추장 2T, 간장 1t, 올리고당 1t, 참기름 1t, 다진 마늘 1t, 후춧가루 1꼬집을 섞어서 양념장을 만들어주세요.

❸ 냄비에 올리브유 1T을 두른 다음 닭을 넣고 약불에 색깔이 변할 때까지만 볶아주세요.

❹ 당근, 양파, 대파를 넣고 더 볶아주세요.

Tip. 약 5분 정도 걸려요.

❺ 양념장과 물 300㎖를 넣고 중불에 10분 이상 끓여주세요.

❻ 예쁜 그릇에 담아 보리곤약우엉밥(P.062)과 함께 먹으면 완벽해요!

☆ 알고 먹으면 더 맛있다!

└ 색깔별 파프리카

효능 · 효과 :

빨간색 파프리카 : 레몬이나 초록색 파프리카보다 비타민C가 2배 더 많을 뿐 아니라 노화와 질병을 일으키는 활성산소 생성을 예방하는 데 도움을 주는 붉은 색소 리코펜이 함유되어 있어요.

노란색 파프리카 : 피로 회복과 스트레스 해소에 좋으며 파라진이라는 성분이 혈액 응고를 방지해 성인병 예방에 Good!

초록색 파프리카 : 유기질과 철분이 풍부해 빈혈이 있는 분들께 추천 추천!

주황색 파프리카 : 비타민A와 인, 칼륨 등이 풍부해서 눈 건강에 효과적이고 감기 예방에도 좋아요.

저염간장과 올리고당으로 담근

비트무양파피클

미진이의
맛있는
이야기

운동과 다이어트 식단이 일상이 되다 보니, 주변에 운동이나 식단에 관심 있는 사람들이 아주 많아요. MN휘트니스 대표 민욱 오빠도 그중 한 사람인데, 어느 날 오빠가 닭가슴살 먹을 때 함께 먹어보라며 직접 만든 치킨무를 주더군요. 집에 가지고 와서 닭가슴살이랑 같이 먹으니 정말 맛있었어요. '치킨과 치킨무'의 다이어트 버전 조합이랄까? 오빠가 "다 먹으면 또 말하라"고 했지만 계속 얻어먹을 순 없잖아요. 저도 오빠의 레시피를 응용해서 한번 만들어보았습니다^.^

재료

무 ⅓개(170g)

비트 1개(170g)

양파 2개(360g)

레몬 ¼개

＊절임물 :

물 500㎖

저염간장 150㎖

올리고당 100㎖

식초 100㎖

통후추 조금

❶ 무 ⅓개, 비트 1개, 양파 2개는 한입 크기로 썰고, 레몬 ¼개는 슬라이스로 썰어요.

Tip. 레몬 대신 오렌지를 사용해도 좋아요.

❷ 냄비에 물 500㎖, 저염간장 150㎖, 올리고당 100㎖, 통후추를 넣고 팔팔 끓어오르면 불을 끄고 식초 100㎖를 섞어 절임물을 만들어요.

❸ 끓는 물에 소독한 밀폐용기(유리)에 손질한 채소를 담고 절임물을 부어주세요.

Tip. 팔팔 끓인 절임물을 바로 부으면 온도 차 때문에 유리병이 깨질 수 있으니 아주 조금만 식혀서 뜨거울 때 부어주세요. 하지만 뜨거운 걸 붓는 게 핵심! 그래야 채소의 아삭아삭한 식감이 더 살아나거든요.

❹ 실온에서 완전히 식힌 후 뚜껑을 덮어 실온에서 하루 숙성 후 냉장고에 넣어두고 먹어요.

이렇게 먹으면 더 맛있다!

1. 보관 기간이 은근 길어요. 재료는 제시된 양의 곱절만큼 넉넉하게 만들어놓고 육류 요리를 먹을 때 곁들이는 걸 추천해요!

2. 조금 더 달콤한 피클을 원한다면 사과 같은 딱딱한 과일을 함께 넣어 만드는 것도 좋아요.

3. 사용하는 물에 따라 맛이 매력적으로 변하는 피클! 피클을 만들 때 티(Tea) 우린 물을 사용해보세요. 루이보스티를 우려 만들면 부드러운 맛이 더해지고 페퍼민트티를 우려 만들면 톡 쏘는 맛이 더해져요:)

☆ 앗, 재료가 남았네! 보너스 레시피

재료

오이 1개, 무 1개(사과 크기)

＊절임물 :

물 400㎖,
식초 200㎖,
알룰로스 200㎖,
피클링스파이스 ½T

간장 뺀 오이무피클

❶ 오이와 무를 깨끗이 씻어 한입 크기로 썬 뒤 유리용기에 담아요.

Tip. 파프리카, 양배추, 당근, 브로콜리 등을 넣어도 좋아요.

❷ 물 400㎖, 알룰로스 200㎖, 피클링스파이스 ½T을 넣고 끓어오르면 불을 끄고 식초 200㎖를 넣어주세요.

❸ 오이와 무를 담은 유리병에 뜨거운 절임물을 부어주세요.

❹ 실온에서 완전히 식힌 후 뚜껑을 덮어 실온에서 하루 숙성 후 냉장고에 넣어두고 먹어요.

씹는 맛이 고소하고 담백한

브로콜리두부무침

미진이의
맛있는
이야기

브로콜리는 생김새도 귀엽고 어감도 사랑스러워요. 줄기 부분은 사각사각한 식감이고, 동글동글한 머리 부분은 꽃을 씹는 듯한 식감이라고 해야 할까요? 많은 사람들이 브로콜리를 살짝 데쳐서 초장에 찍어 먹곤 하는데, 맛은 좋을지 몰라도 음식 궁합은 좋지 않다고 해요. 브로콜리에 들어 있는 항산화 물질 베타카로틴은 식초와 같은 산성을 띠는 성분과 만나면 쉽게 파괴된다고 합니다. 그러니 이제부터는 사랑스럽고 맛있는 브로콜리를 건강하게 즐겨보는 건 어떨까요?

재료

두부 ¼모(80g)
브로콜리 ½개(140g)
간장 1t
참기름 1t
소금 1꼬집
참깨 1꼬집

❶ 두부 ¼모는 끓는 물에 살짝 데쳐 물기를 꽉 짜고 으깨주세요.

❷ 브로콜리 ½개를 먹기 좋게 썰어 끓는 물에 살짝 데친 뒤 찬물에 헹궈 물기를 빼주세요.

Tip. 브로콜리는 머리 쪽을 20분 정도 물에 충분히 담가뒀다가 요리하세요! 브로콜리는 물이 보글보글 끓을 때 넣어 짧게 데친 후 바로 찬물에 담가 헹궈야 영양소 파괴를 최소화할 수 있어요.

❸ 볼에 으깬 두부와 간장 1t, 참기름 1t, 소금 1꼬집, 참깨 1꼬집을 넣어요.

❹ 잘 버무린 뒤 그릇에 담아주세요.

이렇게 먹으면 더 맛있다!

1. 들깨를 넣어 고소한 맛을 추가해도 좋아요.
2. 좀 더 고소한 맛을 원한다면 호두나 잣을 잘게 부숴 넣어보세요.

앗, 재료가 남았네! 보너스 레시피

재료

브로콜리 ½개, 소금 1꼬집, 마늘 가루 조금, 올리브오일 조금

브로콜리오븐구이

❶ 깨끗이 손질한 브로콜리 ½개를 먹기 좋게 썰어서 올리브오일, 소금 1꼬집, 마늘 가루 조금 뿌려주세요.

Tip. 예쁜 색을 내려면 피망과 파프리카를 함께 넣으면 좋아요.

❷ 양념한 브로콜리를 180℃로 예열한 오븐이나 에어프라이어에 15분간 구워주세요.

속이 따뜻해지는

유부전골

미진이의
맛있는
이야기

유부는 1+1 행사를 자주 하는 제품 중 하나예요. 그럴 때 유부를 한꺼번에 사두세요! 요리조리 활용도가 좋은 식재료거든요. 눈부신 황금빛을 띠는 폭닥폭닥한 식감의 유부가 들어간 유부전골은 비가 내리거나 쌀쌀한 날씨에 몸을 따뜻하게 덥혀주는 데 안성맞춤이에요!

재료

기름기 없는 부위 소고기 200g

사각유부 4개

무 ¼개

배추 1장

팽이버섯 ½봉지

대파 3cm

다진 마늘 1t

소금 1꼬집

후춧가루 1꼬집(취향에 따라)

*육수 :

물 80㎖

국간장 1T

다시마 3장

멸치 4마리

❶ 냄비에 물 80㎖, 국간장 1T, 다시마 3장, 멸치 4마리를 넣고 10분간 끓인 뒤 다시마와 멸치는 건져내세요.

❷ 소고기 200g을 얇게 썰고, 유부 4개도 먹기 좋은 크기로 썰어주세요.

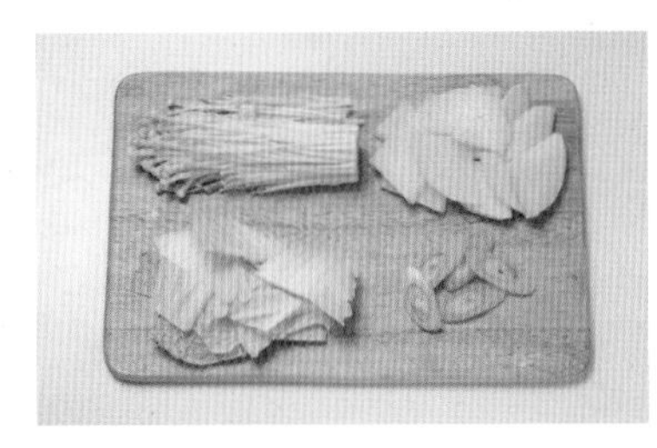

❸ 팽이버섯 ½봉지는 깨끗이 손질하고 무 ¼개, 배추 1장은 나박나박 썰고, 대파 3cm는 어슷썰기를 해요.

❹ 육수에 손질해둔 재료를 모두 담고, 다진 마늘 1T을 넣어 보글보글 끓인 뒤 소금 1꼬집으로 간을 해주세요.

이렇게 먹으면
더 맛있다!

1. 유부는 요리 전 끓는 물에 살짝 데치면 칼로리를 줄일 수 있을뿐더러 전골 국물이 더 깔끔해져요.

2. 전골에 당면이나 미역면을 넣어 먹어도 좋아요.

3. 소금을 빼고 된장을 살짝 넣어도 맛있어요.

국물 없는 신기한 전골요리

밀푀유나베

미진이의
맛있는
이야기

"오늘 저녁은 뭐 먹고 싶은 거 있어?" "그, 그거 있잖아~ 그거!" "밀푀유나베?" "웅, 그거~" 남편의 '그거 요리'는 바로 밀푀유나베. 결혼하고 얼마 지나지 않아 냉장고에 있는 재료들로 국물 없는 밀푀유나베를 만들어준 적이 있어요. 이렇게 만든 밀푀유나베를 생와사비에 간장, 깔라만시를 조금 섞어 찍어 먹으라고 했죠. 샤브샤브는 먹어봤어도 39년 만에 밀푀유나베 비주얼은 처음 보는 남편이 담백하고 맛있다며 가끔 "그거 해주면 안 돼?"라고 물어봐요. 고기에 쌈 싸 먹는 것보다 채소를 훨씬 많이 먹을 수 있어서 좋아요.

재료

소불고기 200g

배추 노란 부분 6장

숙주 1줌(50g)

깻잎 6장

대파 1대

소금 조금

후춧가루 조금

참기름 조금

*고기는 정육 코너에서 "소불고기거리 너무 얇지 않게 썰어주세요~"라고 하면 돼요.

❶ 소불고기 200g을 소금과 후춧가루로 간을 해주세요.

❷ 배추, 깻잎, 썬 대파, 소고기 순서로 켜켜이 쌓아주세요.

Tip. 청경채나 각종 버섯 등의 채소를 넣어도 좋아요.

❸ 전자레인지용 그릇에 들어가는 크기로 ②를 적당히 썰어요.

❹ 그릇에 ③을 가장자리를 따라 차곡차곡 넣고, 숙주 1줌을 가운데 넣어요.

❺ 랩을 씌워 전자레인지에 5분간 익혀주세요.

Tip. 요즘은 환경호르몬이 검출되지 않는 랩이 나오니 그 제품을 선택해주세요.

❻ 다 익은 밀푀유나베 위에 참기름을 쪼로록 뿌려요.

이렇게 먹으면 더 맛있다!

간장 1T, 물 1T, 참기름 1/2T, 식초 1/2t을 섞은 소스나 간장 1T, 연겨자 1/2t, 참깨 1/2T을 섞은 소스에 찍어 먹어도 좋아요

앗, 재료가 남았네! 보너스 레시피

재료

위와 같은 재료, 생수 100㎖, 국간장 2t, 채소육수 100㎖

국물 자작 밀푀유나베

위 레시피에서 생수 100㎖, 국간장 2t, 채소육수 100㎖를 섞은 육수만 더 넣고 보글보글 끓여주세요. 국물 있는 밀푀유나베를 먹을 때는 국수나 죽의 유혹을 잘 이겨내야 하는 거, 아시쥬?

다이어트 중 단백질이 필요하다면

고등어갈비

미진이의
맛있는
이야기

'일주일에 고등어 1마리만 먹어도 오메가3 영양제를 따로 챙겨 먹지 않아도 된다'는 의사 선생님의 말씀을 들은 적이 있어요. 그 후로는 고등어가 아니더라도 생선구이를 꼭 일주일에 한 번씩은 챙겨 먹으려고 노력해요. 꼭 양념한 생선구이가 아니더라도 질 좋은 천일염으로 간을 해서 바싹하게 잘 구워낸 생선에 싱싱한 레몬즙을 쪼옥 뿌려 먹으면 투뿔 한우 부럽지 않더라고요!

재료

고등어 1마리
찹쌀가루 1T
올리브유 조금

*양념장 :
고춧가루 0.5t
고추장 0.5t
간장 0.5t
올리고당 0.5t
다진 대파 1t
다진 마늘 1t
참기름 0.5t
참깨 1꼬집

*고등어가 아닌 다른 생선을 같은 레시피로 요리해도 좋아요.

① 깨끗이 손질한 고등어 1마리는 키친타월로 물기를 제거한 뒤 찹쌀가루 1T을 골고루 뿌려주세요.

② 달군 팬에 올리브유를 두르고 고등어를 올려 약불에 앞뒤를 살짝 구워요.

③ 고등어를 굽는 동안 고춧가루 0.5t, 고추장 0.5t, 간장 0.5t, 올리고당 0.5t, 다진 대파 1t, 다진 마늘 1t, 참기름 0.5t, 참깨 1꼬집을 섞어 양념장을 만들어요.

④ 살짝 익은 고등어에 양념장을 골고루 발라 다시 약불에 구워주세요.

☆ 알고 먹으면 더 맛있다!
ㄴ 다이어트를 할 때 즐겨 먹은 **고단백 생선** :

고등어 : DHA, EPA 등의 불포화지방산이 풍부해 몸에 좋은 지방을 섭취할 수 있고 혈중 콜레스테롤 수치를 낮춰줘요. 고등어에 함유된 오메가3는 동맥경화, 고혈압 등 성인병 예방 효과와 뇌기능 향상에 도움이 됩니다. 비타민, 아미노산, 단백질 등도 풍부해 노폐물 배출에도 좋아요.

장어 : 저칼로리 고단백 장어는 비타민E와 레티놀 성분이 많아 피부 미용에 좋고 장어에 함유된 불포화지방산이 혈관 노화를 예방해줘요. 단백질, 비타민A, 칼슘도 풍부해 기력 회복에 좋아요.
(TMI : 파주에 있는 '갈릴리농원'이라는 식당에서 장어를 먹었는데 진짜 맛있었어요! ㅎㅎ 단점은 대기 시간이 길다는 점! 장점은 맛있고 대기를 할 때 돗자리를 펴고 앉을 공간이 많다는 점!)

대구 : 지방이 거의 없고 담백하며 불포화지방산, 비타민, 미네랄 등이 풍부해요. 저지방 고단백의 대표 생선! 양질의 단백질이 풍부해서 신진대사를 촉진해주는 효과도 있어요.

틸라피아 : 가격도 착한 데다 지방 함량이 낮고 단백질 함량이 높아서 퍽퍽한 닭가슴살이 질릴 때 먹어요.

가자미 : 뇌와 신경에 필요한 에너지를 공급해주는 비타민B_1이 풍부해 스트레스를 완화하는 데 도움이 되고 필수아미노산인 라이신, 트레오닌이 풍부해요. 껍질과 지느러미에 콜라겐도 많아 다이어트를 할 때 거칠어지거나 처지는 피부의 탄력도 높여줘요. 쫄깃쫄깃한 식감도 최고!

아귀 : 쫀득쫀득한 식감이 좋고 타우린이 많이 함유되어 피로 회복, 혈압 안정, 빈혈 예방에 좋아요. 비타민B_2 함유율도 높아서 피부 건강에 좋으며 탈모 예방에 Good!

기름 없이도 바삭바삭

돈가스

미진이의
맛있는
이야기

이 돈가스를 아주 간단하게 만들었는데 속세의 돈가스 부럽지 않을 만큼 만족스러웠던 기억이 있어요. 채 썬 양배추에 파프리카, 무, 비트를 섞어 만든 피클을 곁들였더니 더더욱 훌륭했어요! 여러분들도 꼭 그 기분과 맛을 경험해보시길~

재료

돼지 돈가스용 안심 1덩이
달걀흰자 1개
아몬드 가루 1T
소금 조금
후춧가루 조금

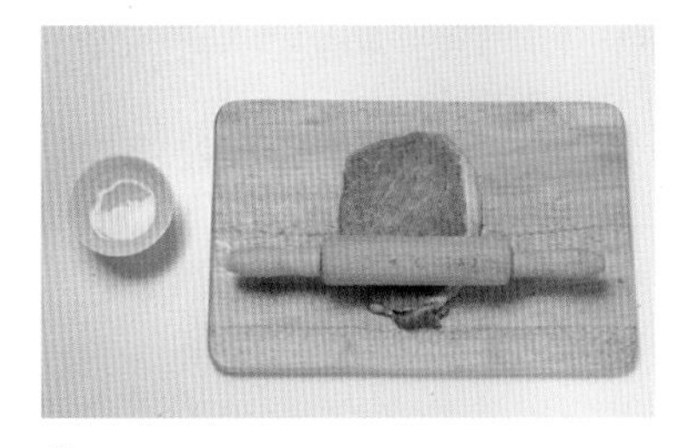

❶ 돼지고기 안심 1덩이를 밀대로 얇게 밀어 달걀흰자를 살짝 발라요.

Tip. 1 밀지 않고 한입 크기로 썰어서 요리해도 돼요.

Tip.2 아몬드 가루와 후춧가루가 들어가 간을 안 해도 괜찮았는데 너무 간이 약하면 소금만 살짝 뿌려주세요.

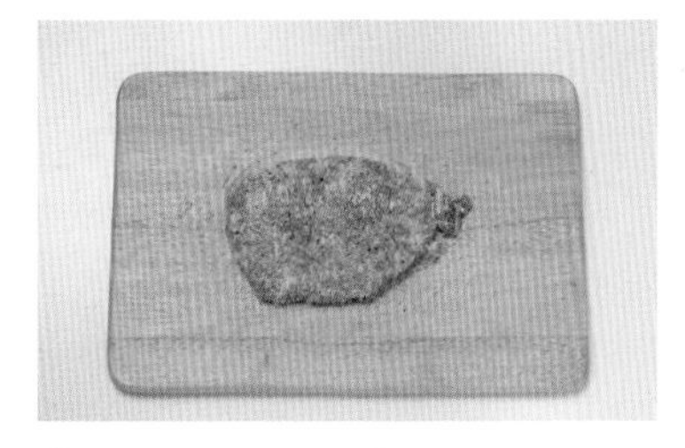

❷ 아몬드 가루 1T와 후춧가루를 잘 섞어 고기에 골고루 묻혀주세요.

Tip. 아몬드 가루 대신 호밀식빵을 갈아 묻혀도 됩니다.

❸ 180℃로 예열한 에어프라이어에 10분간 굽고, 뒤집어서 10분 더 구워주세요.

Tip. 완성 5분을 남겨두고 마늘이나 아스파라거스 등을 넣어 함께 구워 먹는 거 추천!

이렇게 먹으면
더 맛있다!

1. 좀 더 돈가스처럼 바삭하게 즐기고 싶다면 에어프라이어에 넣기 전 오일을 살짝 발라주세요! 오일스프레이 사용 추천!

2. 소고기로 만들면 소고기가스, 생선으로 만들면 생선가스! 맥주 안주로도 좋아요!

3. 카레와 함께 먹어도 맛있어요.

4. 생와사비와 함께 즐겨보세요!

앗, 재료가 남았네!
보너스 레시피

재료

닭가슴살 1덩이, 고구마 50g, 저지방 치즈 1장, 허브 가루 약간

＊닭가슴살뿐 아니라 닭 어느 부위든 좋아요.

닭고기로 만든 치킨가스

❶ 닭가슴살 1덩이에 칼집을 낸 후 허브 가루를 뿌려 15분간 재워두세요.
❷ 고구마 50g을 삶아 껍질을 벗기고 으깨주세요.
❸ 재워둔 닭가슴살을 반으로 갈라 펼치고 한쪽에 저지방 치즈 1장과 으깬 고구마를 올린 후 덮어주세요.
❹ 닭가슴살 끝쪽을 이쑤시개로 고정해주세요.
❺ 200℃로 예열한 오븐에 15분간 구워주세요. 오븐이 없으면 전자레인지나 에어프라이어에 구워도 좋아요. Tip. 카레 가루를 살짝 넣어 카레맛 치킨가스를 만들어 먹어도 좋아요.

촉촉하면서 쫄깃한

떡갈비

미진이의
맛있는
이야기

요즘은 카카오톡으로 손쉽게 선물을 주고받을 수 있게 됐죠? 저는 생일이 되면 카카오톡으로 '소고기'를 많이 받게 되더라고요. 그런데 안타까운 점은 배송지를 입력해야 하는 기간이 정해져 있어서 한꺼번에 배송을 받는 경우가 종종 생긴답니다. 유통기한 내에 소고기를 해결해야 하니, 선물받은 소고기를 매일 구워 먹고 국도 끓이고…. 아무리 소고기라 해도 매일 먹으면 질리기 마련이죠. 그러다 고기를 떡갈비로 빚어 냉동실에 얼려두었다가 생각날 때마다 꺼내 먹게 됐답니다!

재료

다진 소고기 우둔살 200g
양송이버섯 2개
양파 ⅙개
대파 3cm
간장 2T
다진 마늘 1t
올리브유 조금

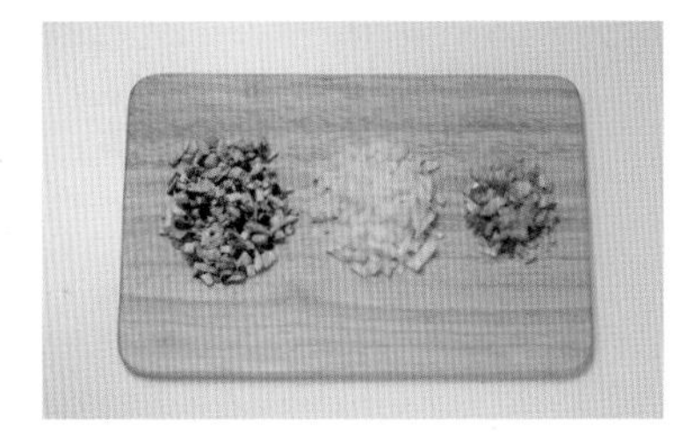

❶ 양송이버섯 2개, 양파 ⅙개, 대파 3㎝를 다져주세요.

❷ 볼에 다진 소고기, 양송이버섯, 양파, 대파, 간장 2T, 다진 마늘 1t을 넣어주세요.

❸ 고기와 양념을 잘 치대서 납작한 모양으로 빚어주세요.

Tip. 두껍지 않게 만들어야 속까지 잘 익어요.

❹ 팬에 올리브유를 살짝 두르고 떡갈비를 구워주세요.

Tip. 약불에 구워야 속까지 잘 익어요.

이렇게 먹으면 더 맛있다!

1. 떡갈비로 덮밥이나 주먹밥을 만들어 먹어도 맛있어요!
2. 작은 볼 모양으로 만들어서 깻잎에 싸 먹어도 아주 맛있어요.
3. 달콤한 떡갈비 맛을 원한다면 꿀 1T을 넣어보세요.

된장과 생선의 환상 조합!

흰살생선구이

미진이의
맛있는
이야기

이따금 집에서 생선을 먹고 싶은 생각이 들지만, 집에서 생선을 구우면 냄새가 오래가서 기피하게 되는 음식이에요. 싱싱한 생선을 그냥 구워 먹어도 맛있지만, 생선과 된장은 참 맛있는 조합이랍니다. 부드럽고 하얀 생선의 담백함과 된장의 구수함이 더해져 씹을 때 고소하면서 포근함이 입안 가득 전해지는 요리입니다.

재료

흰살 생선 1토막(200g)
천일염 조금

* 소스 :
된장 ½T
하프마요네즈 ½T

* 추천 생선은 p.129을 참조해주세요!

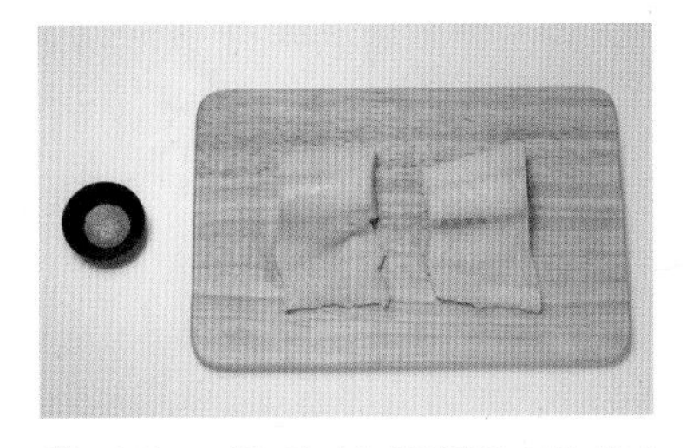

❶ 생선 1토막을 앞뒤에 천일염을 살살 뿌려 밑간을 해요.

Tip. 허브맛 솔트를 사용해도 맛있어요.

❷ 된장 ½T와 하프마요네즈 ½T을 섞어 소스를 만들어주세요.

Tip. 집된장을 사용할 경우 양을 줄여주세요.

❸ 180℃로 예열한 오븐이나 에어프라이어에 5분간 굽고, 뒤집어서 소스를 발라 5분 더 구워주세요.

❹ 예쁜 그릇에 담아 맛있게 먹어요.

Tip. 자신이 좋아하는 굽기를 중간중간 확인해가며 시간 조절을 해주세요.

이렇게 먹으면
더 맛있다!

1. 매콤한 맛의 생선구이를 원한다면 스리라차 소스 1T와 하프마요네즈 1T을 섞어 요리해보세요.

2. 잡곡밥과 함께 상추쌈을 싸서 먹어도 아주 맛있는 반찬이에요.

3. 레몬즙을 살짝 뿌려 먹어도 좋아요.

앗, 재료가 남았네!
보너스 레시피

고등어김밥

재료

현미밥 100g, 구운 김 1장,
고등어 ¼마리, 쌈장 적당량,
청국장 가루 ½T, 깻잎 2장

❶ 고등어 ¼마리의 살코기만 앞뒤로 잘 구워주세요.

❷ 쌈장 적당량에 청국장 가루 ½T을 잘 섞어주세요.

Tip. 청국장 가루 1g에는 장내 암 발생을 막고 영양소 흡수를 돕는 유산균이 10억 마리 정도 함유돼 있어요. 또 레시틴과 사포닌 성분이 지방과 콜레스테롤 성분을 흡수하고 배출해준답니다!

❸ 구운 김 1장을 깔고 현미밥, 깻잎, 고등어, 쌈장 순으로 올리고 잘 말아주세요.

Tip. 1 고등어는 깨끗이 손질한 후 생강즙이나 매실액, 청주 등을 뿌리거나 김 빠진 맥주에 10분 정도 담가두면 특유의 비린내는 사라져요.

Tip. 2 청국장의 향이 부담스럽다면 콩가루로 바꿔도 돼요.

무궁무진하게 활용 가능한 신통한 요리

고추참치

미진이의
맛있는
이야기

'참치'에 대한 추억이 있어요. 신랑과 처음 소개팅을 했을 때 우리 둘 다 큰 기대 없이 만났죠. 오빠도 나랑 만나 차 한잔만 마시고 헤어질 계획으로 다른 약속을 잡아둔 상태였고, 나 또한 다른 소개팅들과는 달리 더 예뻐 보이기 위한 구두가 아닌 운동화를 신고 나갔어요. 심지어 약속 시간에 늦기까지! 그런데 오빠는 친구와의 약속을 취소하고 참치집을 예약했고, 제게 금가루가 뿌려진 참치를 사줬어요. 저는 또 좋다고 따라갔고, 지금 우리는 부부가 되어 행복하게 살고 있죠. 하하하. 김창배 사랑해♥

재료

참치 1캔
양파 ⅛개
대파 2cm
감자 ¼개
참깨 조금

*소스 :
고추장 0.5T
고춧가루 1T
다진 마늘 0.5t
올리고당 0.5T

❶ 참치 1캔은 체에 기름을 걸러낸 후 뜨거운 물을 붓고 잠시 두었다가 물기를 꽉 짜주세요.

Tip. 참치 기름을 아주 조금만 남겨주세요~ 2t 정도.

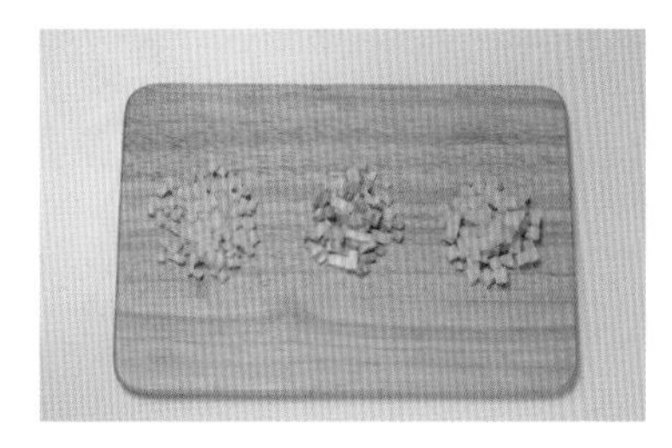

❷ 양파 ⅛개, 대파 2cm, 감자 ¼개는 잘게 썰어요.

❸ 팬에 잘게 썬 양파, 대파, 감자를 볶다가 고추장 0.5T, 고춧가루 1T, 다진 마늘 0.5t, 올리고당 0.5T을 넣고 잘 섞어가며 볶아주세요.

❹ 불을 끄고 참치와 볶은 채소를 잘 섞은 후 마지막에 참깨를 뿌려요.

이렇게 먹으면 더 맛있다!

1. 좀 더 매운맛을 원한다면 청양고추를 썰어 넣어도 좋아요. 고추 이외에 집에 있는 다양한 채소들을 넣어도 상관없어요.

2. 부침으로 구워 먹어도 별미랍니다.

3. 쌈채소에 싸 먹어도 맛있고, 주먹밥이나 김밥 쌀 때 재료로 넣어도 맛있어요.

앗, 재료가 남았네!
보너스 레시피

재료

참치 1캔, 양파 ½개, 대파 5cm, 된장 1T, 고추장 1T, 고춧가루 1T, 다진 마늘 1T, 알룰로스 1T, 참기름 1T, 참깨 조금, 물 300mℓ

참치된장

❶ 참치 1캔을 따서 체에 기름을 걸러낸 후 뜨거운 물을 붓고 잠시 두었다가 물기를 꽉 짜주세요.
❷ 양파 ½개, 대파 5cm를 다져주세요.
❸ 달군 팬에 참치와 다진 양파, 대파를 1분 정도 볶다가 된장 1T, 고추장 1T, 고춧가루 1T, 다진 마늘 1T과 물 300mℓ를 넣고 끓이다 알룰로스 1T을 넣어주세요.
❹ 약불에서 뭉근하게 조린 후 참기름 1T과 참깨를 넣어주세요.

Tip. 1 좀 더 매운맛을 원한다면 청양고추를 함께 썰어 넣어도 좋아요.

Tip. 2 달걀 프라이를 해서 밥에 비벼 먹어도 맛있어요!

ㄴ 참치는?

참치 100g당 27.4g의 단백질이 들어 있어 참치 1캔(150g)의 ⅔=100g만 먹어도 성인 하루 단백질 필요량의 50%를 섭취하는 효과가 있어요. 참치가 가진 성분 중에서 우리 몸에 가장 유익한 것이 바로 DHA. 참치로 튀김 요리는 되도록 하지 않는 걸 추천해요. 그래야 참치의 DHA 성분을 제대로 섭취할 수 있어요.

요린이도 휘리릭 만들 수 있는

버섯달걀국

미진이의
맛있는
이야기

달걀을 무척 좋아해요. 날달걀 빼고는 달걀로 만든 모든 요리를 좋아한다고 해도 될 만큼요. 그중 손에 꼽힐 만큼 좋아하는 요리가 달걀찜인데, 달걀찜은 늘 먹고 나서가 문제예요. 바로 냄비 설거지ㅠㅠ 설거지하기 쉬운 작은 냄비에 공들여 휘휘 잘 저어 완성해도 설거지는 쉽지 않았어요. 그래서 달걀찜 대신 달걀국을 즐기게 됐죠. 해장할 때도 좋은 거 아시죠?

재료

달걀 1개
팽이버섯 ⅓봉지
양파 ⅛개
대파 3㎝
소금 1꼬집
후춧가루 조금

＊육수 :
물 400㎖
다시마 1장
국물용 멸치 4마리

❶ 냄비에 물 400㎖, 다시마 1장, 국물용 멸치 4마리를 넣고 중불에 10분 정도 끓인 후 건더기는 체로 건져내세요.

❷ 달걀 1개에 소금 1꼬집, 후춧가루를 조금 넣고 잘 풀어 달걀물을 만들고, 팽이버섯 ⅓봉지와 대파 3㎝는 먹기 좋게 썰어주세요.

❸ 멸치육수에 버섯과 대파를 넣어 센 불에 4분 끓이다가, 약불로 줄여 달걀물을 넣고 1분 더 끓여주세요.

❹ 그릇에 담아 맛있게 먹어요.

요리가 쉬워지는 **꿀팁**

1. 육수를 내기 번거롭다면 육수팩을 사용해도 됩니다.
2. 국물용 멸치는 살짝 볶아서 사용하면 비린내가 잡혀요.

알고 먹으면 **더 맛있다!**

ㄴ **달걀노른자는 억울해!?**

영양소를 골고루 갖춘 팔방미인 식품에만 주어지는 타이틀이 바로 '완전식품' 달걀! 달걀노른자를 안 먹는 사람들이 많은데, 달걀노른자에는 몸에 이로운 콜레스테롤 증가를 돕는 성분이 들어 있답니다.

앗, 재료가 남았네!
보너스 레시피

재료

달걀 1개, 대파 3㎝,
김(조미김 사용 시 2장) ½장,
다진 마늘 ½t,
소금 1꼬집, 후춧가루 조금

＊육수:
물 400㎖, 다시마 1장,
국물용 멸치 4마리

김달걀국

❶ 냄비에 물 400㎖, 다시마 1장, 국물용 멸치 4마리를 넣고 중불에 10분 정도 끓인 후 건더기는 체로 건져주세요.
❷ 대파 3㎝는 송송 썰고, 김 ½장은 손으로 찢어주세요.
❸ 볼에 달걀 1개를 풀고 소금과 후춧가루, 송송 썬 대파를 넣고 부드럽게 섞어주세요.
❹ 육수에 다진 마늘 ½t과 달걀물을 넣고 약불에 2분간 끓여주세요.
❺ 찢은 김을 넣고 센 불에 4분간 팔팔 끓인 후 소금으로 간을 맞춰주세요.

Tip. 김 대신 매생이를 넣어도 맛있어요. 매생이를 넣어 달걀국을 끓일 때는 냄비에 들기름을 두르고 다진 마늘을 먼저 볶다가 매생이와 육수를 넣고 매생이가 끓어오를 때 달걀물을 넣어 끓이면 OK!

으슬으슬 몸살 오는 날엔

북어국

미진이의
맛있는
이야기

결혼하고 나니 무엇을 먹을까 골똘히 생각하는 날이 많아요. 날씨나 컨디션에 따라 어떤 특정 음식이 먹고 싶을 때가 있죠. 속이 안 좋을 때는 죽을 먹는 것도 좋지만 뽀얗게 우러난 국물을 넘기면 속이 확 풀리면서 북어국물처럼 내 몸이 뽀얘지는 기분이 듭니다.

재료

황태채 ½줌(10g)
두부 ⅓모
달걀 1개
양파 ⅛개
대파 3㎝
물 600㎖
들기름 1t
소금 1꼬집

❶ 황태채 ½줌을 찬물에 담가 15분간 불린 후 물기를 꽉 짜주세요.

❷ 두부 ⅓모는 깍둑썰기를 하고, 양파 ⅛개는 채 썰고, 대파 3㎝는 어슷하게 썰어주세요.

❸ 달군 냄비에 들기름 1t을 두르고 황태채를 넣어 약불에 볶은 후 물 600㎖를 붓고 센 불에 15분 이상 푹~~~ 끓여주세요.

Tip. 무를 넣으면 더 시원해지는데 무는 황태채보다 먼저 넣고 투명해질 때까지 볶아야 해요.

❹ ③에 두부, 대파, 양파를 넣고 중불에 살짝 끓이다가 약불로 줄여 곱게 푼 달걀, 소금 1꼬집을 넣고 더 끓여주세요.

Tip. 콩나물이나 미역을 넣어도 좋아요.

❺ 그릇에 담아 맛있게 먹어요.

앗, 재료가 남았네!
보너스 레시피

북어볶음

재료

황태채 100g, 마늘 10개, 아몬드 슬라이스 100g, 소금 1꼬집, 참기름 1T, 꿀 2T, 올리브유 조금

❶ 황태채 100g을 찬물에 5분간 담갔다가 물기를 짜낸 후 먹기 좋은 크기로 잘라주세요.
❷ 마늘 10개는 편으로 썰어주세요. Tip. 너무 얇게 썰지 않는 게 좋아요.
❸ 황태채에 마늘편, 소금 1꼬집, 올리브유를 넣고 잘 섞어 10분간 재워두세요.
❹ 달군 팬에 ③과 아몬드 슬라이스 100g을 넣고 황태채가 익을 때까지 볶아주세요.
❺ 참기름 1T을 넣어 고루 섞은 후 불을 끄고 그릇에 옮겨 담아 꿀 2T을 잘 섞어주세요.
Tip. 프라이팬에서 꿀을 섞으면 타기 쉬워요.

비주얼 갑, 영양도 갑

초록말이

미진이의
맛있는
이야기

아스파라거스는 3년을 키워야 먹을 만한 크기로 성장하는 오랜 기다림이 필요한 채소예요. 풋풋한 향기가 좋고 연초록빛이 싱그러워서 눈에 띄면 일단 덥석 한 팩 사고 보는 채소이기도 하죠. 아스파라거스의 그 야리야리한 모습처럼 저도 야리야리한 몸을 원해요!!!!!! 단백질 흡수율이 높으니 고기를 먹을 때 곁들이길 추천드려요.

재료

제육볶음용 돼지고기 150g
아스파라거스 4대
카레 가루 1t
소금 1꼬집
후춧가루 조금

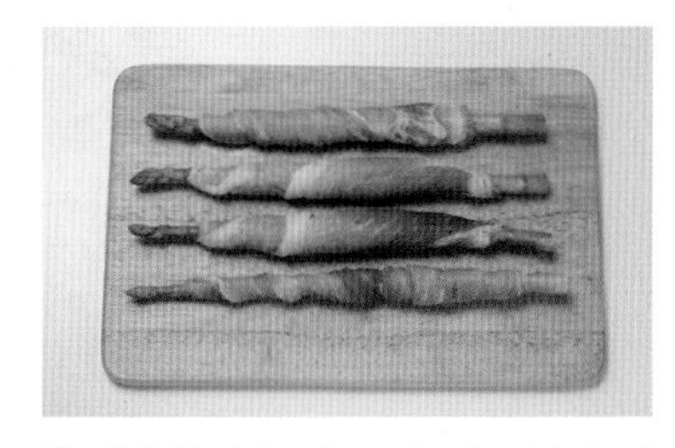

❶ 얇게 썬 돼지고기 150g을 아스파라거스에 감아주세요.

❷ 달군 프라이팬에 돼지고기의 끝부분이 아래로 가도록 놓고 중불에 구워주세요.

❸ 반 이상 익었을 때 카레 가루 1T, 소금 1꼬집, 후춧가루를 뿌려 간을 하고 약불에 더 구워주세요.

이렇게 먹으면 더 맛있다!

1. 아스파라거스는 시간이 지나면 쓴맛이 나므로 되도록 빨리 조리해 먹는 게 좋아요.

2. 아스파라거스 대신 꽈리고추나 아삭이고추, 청양고추, 오크라 등에 고기를 말아도 맛있어요.

알고 먹으면 더 맛있다!
ㄴ 오크라는?

아스파라거스, 꽈리고추, 아삭이고추, 청양고추는 많이 들어보셨을 텐데 오크라가 생소한 분들이 있을 거예요! 겉모습은 풋고추 같은데 잘린 단면은 아주 예쁜 별 모양이에요. 낫토처럼 끈적한 진액이 나와서 식감이 독특하답니다.

앗, 재료가 남았네! 보너스 레시피

재료
오징어 몸통 1개, 구운 김 1장, 오크라 1개

오오김말이[오(크라)오(징어)김말이]

❶ 오징어 몸통 1개를 깨끗이 씻어 껍질을 벗겨주세요.
❷ 구운 김 1장에 오징어살을 붙여 오징어 크기에 맞춰 김을 잘라주세요.
❸ 오징어에 칼집을 넣어주세요.
Tip. 이때 오징어살이 다 잘리지 않도록 일정한 간격, 일정한 깊이로 칼집을 넣어주세요.
❹ 오징어 몸통에 오크라를 넣고 동그랗게 잘 말아주세요.
❺ 달군 팬에 제일 약한 불로 살살 돌려가며 구워주세요.
Tip. 센 불에 구우면 오징어가 오그라들어서 안 돼요!
❻ 적당한 크기로 썰어 먹어요.

씹는 순간 향긋한 채즙이 팡! 터지는

고기말이

미진이의
맛있는
이야기

고등학교 때부터 친한 동생인 혁종이가 드라이브를 시켜주겠다고 하며 파주의 어느 식당에 데려간 적이 있어요. 그곳에서 고기말이를 처음 먹어보았죠. 그런데 식당이다 보니 충분히 더 건강하게 먹을 수 있는 고기말이를 더 맛있게 손님들에게 내놓기 위해 기름을 너무 많이 둘렀더라고요. 찌개도 좀 많이 자극적이었어요. 그날을 떠올리며 건강한 고기말이를 만들어보았답니다.

재료

불고기용 소고기 150g

깻잎 3장

쪽파 · 미나리 10원짜리 동전 크기만큼

팽이버섯 ½봉지

들기름 ½T

현미유 1T

*양념장 :

저염간장 ½T

알룰로스 ½t

물 1T

❶ 깻잎 3장은 반으로 자르고, 쪽파, 미나리, 팽이버섯 ½봉지는 7㎝ 길이로 잘라주세요.

❷ 저염간장 ½T, 알룰로스 ½t, 물 1T을 섞어 양념장을 만든 뒤, 소고기를 넓게 펼쳐 솔로 양념장을 쓱쓱 발라주세요.

❸ 소고기를 펼쳐 깻잎을 올리고 쪽파×미나리, 쪽파×팽이버섯 조합으로 얹어 돌돌 말아주세요.

Tip. 고기가 좀 찢어져도 둘둘 말면 괜찮아요.

❹ 달군 팬에 들기름 ½T와 현미유 1T을 섞어 두른 후 중약불에 ③을 돌돌 굴려가며 구워주세요.

Tip. 소고기 끝부분을 아래로 놓고 구워야 고기말이가 잘 안 풀려요.

이렇게 먹으면 더 맛있다!

1. 고기는 너무 얇지 않은 불고깃감 두께로 썰어달라고 하면 돼요.

2. 단미나리와 돌미나리가 있는데 단미나리보다는 돌미나리가 더 향이 진해요.

3. 알싸한 겨자소스를 찍어 먹어도 맛있어요!

Tip. 겨자소스: 연겨자 1t, 매실액 1T, 물 ½T, 식초 ½T, 저염간장 1T을 잘 섞고, 마지막에 통깨 1T을 부숴 넣어 고소한 맛을 더해주세요.

☆ 알고 먹으면 더 맛있다!

ㄴ 미나리는?

몸안의 중금속이나 각종 독소 배출에 탁월한 효과가 있어서 혈액과 장기를 정화하고 독성을 중화해줘요.

☆ 앗, 재료가 남았네! 보너스 레시피

돼지고기말이

재료

돼지고기 뒷다리살 250g, 미나리 · 마늘쫑 10원짜리 동전 크기만큼, 표고버섯 3개, 천일염 1꼬집, 후춧가루 조금

❶ 돼지고기 뒷다리살 250g을 펼친 후 천일염 1꼬집과 후춧가루로 살짝만 간을 해주세요.

❷ 미나리, 마늘쫑은 7㎝, 표고버섯 3개도 적당한 크기로 잘라주세요.

Tip. 돼지고기와 마늘쫑은 궁합이 좋아요!

❸ 돼지고기를 펼쳐 미나리, 마늘쫑, 표고버섯을 골고루 올리고 돌돌 말아주세요.

❹ 달군 팬에 돼지고기말이를 돌려가며 구워주세요. Tip. 돼지고기말이를 쌈장에 쿡 찍어 먹어보세요~

귀한 손님 오면 대접하고 싶은

대파꼬치

미진이의
맛있는
이야기

친정집 옥상에는 아빠의 작은 텃밭이 있어요. 그곳에는 아주 작은 대추나무, 앵두나무, 상추, 파 등이 자라는데 파는 유독 달큰한 맛이 참 좋아요. 그래서 집에 갈 때마다 대파를 받아오는데 처음엔 대파 보관법을 잘 몰라 금방 시들어버리기 일쑤였죠. 시들어 그냥 버리기 아까우니 빨리 먹어야 한다고 생각될 때 만든 대파 요리예요.

재료

소고기 우둔살 200g
대파 1개
마른 통밀식빵 1개
달걀 1개
저염간장 1t
올리고당 1t
올리브유 조금

❶ 소고기와 대파는 엄지손가락 크기로 잘라요.

❷ 소고기는 저염간장 1t와 올리고당 1t을 섞어 밑간을 해두세요.

❸ 꼬치에 고기, 대파, 고기, 대파, 고기 순서로 꽂아주세요.

Tip. 끝은 꼭 고기로 마무리해주세요. 대파를 끝쪽에 꽂으면 대파가 익으면서 꼬치 밖으로 나와요.

❹ 달걀 1개를 풀어 달걀물을 만들고 마른 통밀식빵 1개를 손으로 비벼 가루로 만들어요.

Tip. 식빵가루를 만들 때는 믹서를 이용해도 좋아요.

❺ 꼬치에 달걀물, 빵가루를 차례로 묻혀주세요.

❻ 팬에 올리브유를 살짝 두르고 꼬치를 약불에 구워주세요.

Tip. 처음엔 뚜껑을 닫고 구워주세요. 뚜껑을 닫으면 고기가 속부터 익어 꼬치가 빨리 익기도 하지만 촉촉하게 익어 고기가 딱딱하지 않아요.

이렇게 먹으면 더 맛있다!

1. 소고기 대신 돼지고기를 사용해도 돼요.
2. 통마늘을 추가해도 맛있어요.

요리가 쉬워지는 꿀팁
ㄴ 대파 관리법 :

대파는 구입 후 그대로 두면 색이 변하고 잎이 시들어버려요. 깨끗이 손질 후 잎, 줄기, 뿌리별로 잘라 키친타월로 물기를 잘 닦은 후 지퍼백이나 통에 담아 냉동 보관을 하면 오래 두고 먹을 수 있어요! 대파는 물에 담가두거나 오래 가열하지 않는 것이 좋아요! 아 참! 뿌리는 댕강 잘라 버리지 말고 잘 씻어서 육수를 낼 때 활용해보세요 ^.^ Tip. 대파 뿌리를 10㎝로 잘라 화단에 심어 3일에 한 번씩 물을 주면 생각보다 잘 자랄 거예요.

PART : 4

다이어트 면 요리

국수, 라면, 자장면, 스파게티… 면 요리는 다이어트할 때 기피 1위 음식이지요?
그러나 국수 대신 두부면이나 곤약, 미역면으로, 일반 스파게티 면 대신 통밀 면으로
바꾸어 요리한다면 당신이 그토록 사랑하는 면치기를 할 수 있답니다.
게다가 채소로도 면을 만들어 스파게티를 만들어 먹을 수 있다니,
정말 놀랍지 않나요?

칼칼함을 후루룩

장칼국수

미진이의 맛있는 이야기

남편과 연애 시절, 데이트 삼아 강릉에 엄청 유명한 장칼국숫집이 있다고 해서 찾아갔어요. 식사 시간이 아니었는데도 줄을 서는 맛집이라, 우리는 40분 이상 기다린 끝에 자리를 잡을 수 있었죠. 메뉴는 장칼국수 딱 하나! 막상 먹어보니 생각했던 것만큼은 아니었지만 맛있게 잘 먹고 나왔는데, 계산을 하던 남편이 발견한 것은? 바로… 시판용 고추장이었다는! 집에서 더 맛있게 만들어보고 싶어서 저칼로리 두부면을 활용해 시원하고 칼칼한 국수가 탄생했답니다.

재료

면두부 1팩
돼지고기 다짐육 50g
애호박 ⅛개
감자 ½개
새송이버섯 ½개
양파 ⅙개
올리브유 조금

* 양념장 :
고추장 1T
된장 1t
국간장 ½T
다진 마늘 1T
참기름 1T
깨소금 1t

* 육수 :
대파 3cm
무 1토막
마늘 1개
다시마 1장
물 900ml

❶ 냄비에 물 900ml, 대파 3cm, 무 1토막, 마늘 1개, 다시마 1장을 넣고 육수를 만들어주세요.

Tip. 시판 다시팩을 사용하면 편해요.

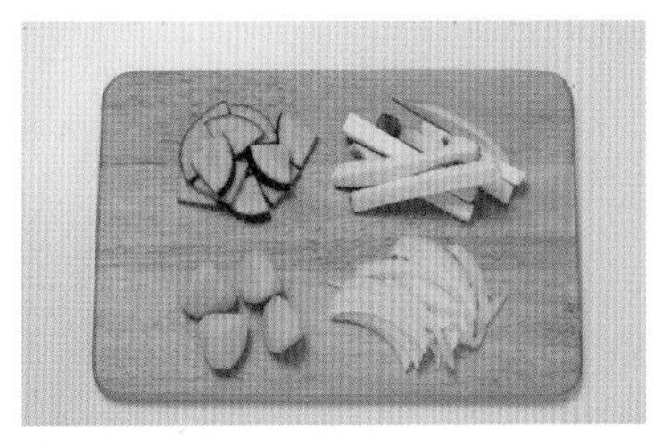

❷ 애호박 ⅛개는 4등분해서 납작하게 썰고, 감자 ½개는 동그랗게 깎고, 새송이버섯 ½개, 양파 ⅙개는 채 썰어요.

Tip. 감자는 조리 과정에서 부서지지 않으려면 동그랗게 깎는 것이 좋아요.

❸ 고추장 1T, 된장 1t, 국간장 ½T, 다진 마늘 1T, 참기름 1T, 깨소금 1t을 섞어서 양념장을 만들어주세요.

❹ 냄비에 올리브유를 살짝 두르고 돼지고기 다짐육 50g을 센 불에 1분가량 볶다가 육수와 감자를 넣고 끓여요.

❺ 국물이 끓으면 면두부 1팩, 애호박, 새송이버섯, 양파, 양념장을 넣어주세요.

❻ 중불에 5분 끓인 뒤, 맛있게 먹어요.

이렇게 먹으면 더 맛있다!

면두부 대신 다양한 면을 활용해보세요! 집에 포두부가 있다면 칼국수면처럼 넓적하게 썰어서 활용해도 좋아요. 곤약면을 넣어도 맛있답니다.

집에서 간편하게 먹는 베트남의 맛

닭가슴살쌀국수

미진이의
맛있는
이야기

구글맵에서는 맛집과 그 맛집에 대해 사람들이 달아놓은 코멘트와 별점을 볼 수 있어요. 제가 사는 강원도 원주에서 지인들과 구글맵 평이 좋은 베트남 쌀국수 맛집을 방문한 적이 있어요. 베트남 여행에서 먹었던 맛을 떠올리며 종류대로 주문을 했죠. 일반 쌀국수와 매운 쌀국수, 반세오, 팟타이…. 비주얼은 일단 합격! 양도 완전 푸짐했어요. 그러나 국수를 한입 먹는 순간, 우리는 모두 구글맵 맛집 평가를 믿지 않기로 했어요. 맛집 투어에서 실패한 다음 날, 집에서 깔끔하게 만들어 먹은 쌀국수입니다.

재료

닭가슴살 60g
쌀국수면 100g
숙주나물 1줌
양파 ¼개
무 50g
마늘 2개
생강 1개
통후추 2알
액젓 1T
물 600㎖

❶ 숙주나물 1줌은 깨끗이 씻어 다듬고, 쌀국수면 100g은 물에 담가 불려주세요.

❷ 물 600㎖에 닭가슴살 60g, 양파 ¼개, 무 50g, 마늘 2개, 생강 1개, 통후추 2알, 액젓 1T을 넣고 팔팔 끓인 후 약불에 1분 더 뭉근하게 끓여요.

Tip. 간은 액젓으로 입맛에 맞게 조절해주세요.

❸ ②의 건더기를 체로 건져내고, 닭가슴살만 먹기 좋게 찢어주세요.

❹ 육수를 만드는 동안 쌀국수면을 삶아 찬물에 헹궈 그릇에 담아주세요.

❺ 쌀국수면에 육수를 붓고, 찢어놓은 닭가슴살과 숙주나물을 얹어주세요.

이렇게 먹으면
더 맛있다!

1. 창동역 인근에 살던 시절, 동네 분식집에서 참나물이 들어간 쌀국수를 먹은 적이 있어요. 참나물 향이 끝내줬죠. 8~9월 참나물이 나는 시기에는 참나물을 더해보세요. 참나물도 숙주나물과 같이 마지막에 얹어 먹으면 됩니다.

2. 매콤하고 칼칼한 국물을 좋아한다면 청양고추를 꼭 넣어 드세요.

3. 육수를 꼭 닭가슴살로 만들지 않아도 됩니다. 닭안심이나 소고기 홍두깨살도 좋아요.

태국의 향기가 그리울 때면

미진이의
맛있는
이야기

태국에 갔을 때 팟타이를 정말 많이 사 먹었는데 딱 두 곳의 팟타이가 생각나요. 하나는 카오산로드에 있는 음식점이었고, 또 하나는 어느 쇼핑몰 푸드코트에서 먹었던 것이에요. 두 곳 다 위생 상태나 비주얼은 조금 별로였는데 좋은 음식점에서 먹었던 팟타이보다 더 맛있었어요. 태국 여행을 가기 전까지는 팟타이를 잘 먹지 않았는데 다녀오고 나서는 잊을 만하면 생각나는 음식이 되었답니다. 쌀국수면으로 만들어 먹어도 맛있지만 두부면도 Good!

재료

두부면 1팩
달걀 1개
새우 4마리
숙주나물 1줌
청경채 6장
다진 마늘 0.5t
올리브유 조금

＊양념장 :
굴소스 1T
간장 1T
스리라차 소스 1T
액젓 1T
알룰로스 1T

❶ 달걀 1개를 잘 풀어 스크램블을 만들고, 두부면 1팩은 물에 헹군 다음 물기를 빼주세요.

❷ 팬에 올리브유를 살짝 두르고 다진 마늘 0.5t을 향이 올라올 때까지 볶다가 새우 4마리를 넣고 볶아요.

❸ 새우 색이 변하면 숙주나물 1줌, 청경채 6장, 스크램블, 양념장 재료인 굴소스 1T, 간장 1T, 스리라차 소스 1T, 액젓 1T, 알룰로스 1T을 넣고 볶아주세요.

❹ 두부면을 넣고 한 번 더 볶아주세요.

Tip. 두부면은 금방 양념이 스며드니 살짝만 볶아주면 돼요.

이렇게 먹으면 더 맛있다!

1. 땅콩을 볶아 요리 마지막 단계에서 뿌리면 더 맛있어요.

2. 코코넛오일에 스크램블을 만들면 맛있어요.

3. 매콤한 맛을 더하고 싶으면 매운 고추나 페페론치노를 넣어보세요.

4. 냉동실에 있는 해산물을 더 넣어도 좋아요.

라면보다 쉬운 비빔국수

들기름메밀국수

미진이의
맛있는
이야기

임신 초기, 어른들과 함께 메밀국수 맛집이라고 해서 방문한 적이 있어요. 불행히도 메밀은 찬 성분이라 초기 임산부가 먹으면 좋지 않다고 하더군요. 메밀 전문 식당이다 보니 메밀국수, 메밀전, 물까지도 메밀면을 끓인 면수였죠. 제가 먹을 수 있는 건 딱 하나! 바로 수육이었어요. 면보다는 고기를 좋아하지만, 그날은 메밀국수가 어찌나 먹고 싶던지. 그 순간을 기억해두었다 안정기가 되었을 때 만들어 먹은 요리예요. 10분이면 만들 수 있고, 라면보다 만들기 쉬운데 고소한 맛이 매력적이랍니다.

재료

메밀면 200g
들기름 1T
간장 1T
깨소금 0.5T
김가루 조금

❶ 메밀면 200g을 끓는 물에 4분간 삶아 찬물에 헹군 후 체에 받쳐 물기를 빼주세요.

❷ 그릇에 메밀면을 담고, 들기름 1T, 간장 1T, 깨소금 0.5T, 김가루를 솔솔 뿌려주세요.

❸ 양념이 잘 섞이도록 골고루 비벼 먹어요.

이렇게 먹으면 더 맛있다!

1. 들기름메밀국수를 돼지고기 수육에 곁들여 먹어보세요. 쫄깃한 수육과 고소한 들기름 메밀국수의 조합에 중독될 거예요. 돼지고기 수육은 앞다리살이나 사태살을 추천해요.

2. 간장 대신 쯔유 1T을 넣고 비벼 먹어도 맛있어요.

3. 마트에는 100% 메밀면을 잘 안 팔아요. 인터넷으로 검색해서 구매하면 좋아요.

4. 메밀면을 곤약면으로 바꿔 같은 방법으로 요리해도 좋아요.

백명란이 들어가 짭조름하고 맛있는

명란통밀스파게티

미진이의
맛있는
이야기

다이어트 초보일 때는 '살찌니까 이것도 안 돼! 저것도 안 돼!'라며 절제하기 바빴어요. 그러면서 스트레스를 받았고, 결국 폭식으로 이어졌죠. 다이어트 만렙이 되어서야 건강한 재료를 조금씩 바꿔가면서 맘 편하게 먹는 것을 즐기는 다이어트를 하게 됐어요. 파스타도 '무조건 안 돼!'라고 참는 음식이었는데 면만 살짝 바꿔도 건강하고 맛있게 먹을 수 있었어요. 일반 파스타면과 달리 살짝 거친 식감이 매력적인 통밀 파스타면은 식이섬유가 많고 탄수화물 흡수율이 낮아 다이어트에 제격이랍니다.

재료

통밀 파스타면 200g
백명란젓 1개
새우 3마리
시금치 6장
참느타리버섯 ⅔컵(종이컵)
마늘 6개
건고추 조금
소금 조금
올리브유 6T

❶ 마늘 6개는 너무 잘지 않게 다지고, 새우 3마리는 반으로 자르고, 백명란젓 1개는 으깨주세요.

❷ 끓는 물에 소금 조금, 올리브유 3T을 넣고 통밀 파스타면 1인분을 8분간 삶아요.

Tip. 면은 취향에 따라 시간 조절을 해가며 삶아요. 면수는 버리지 않고 볶을 때 사용해요.

❸ 팬에 올리브유 3T을 두르고 다진 마늘과 건고추를 부숴서 볶다가 새우와 으깬 백명란젓을 넣고 볶아주세요.

❹ 새우 색이 변하면 시금치 6장, 참느타리버섯 ⅔컵을 넣고 한 번 더 볶아주세요.

❺ 면수 100㎖와 삶은 파스타면을 넣고 한 번 더 볶아요.

이렇게 먹으면
더 맛있다!

1. 시금치 대신 브로콜리, 참느타리버섯 대신 미니 새송이버섯이나 양송이버섯을 넣어도 좋아요.
2. 마늘 향을 좋아한다면 마늘을 듬뿍 넣어도 맛있어요.
3. 통밀 파스타면 대신 두부면이나 미역면으로 만들어도 좋아요.

요리가 쉬워지는 **꿀팁**

파스타면을 삶을 때 물이 끓어 넘치려고 하면 젓가락을 한 번 넣었다 빼보세요. 거품이 가라앉을 거예요.

여름의 빨간 맛

미역면비빔국수

미진이의
맛있는
이야기

이 레시피는 여름에 자주 만들어 먹는 '여름의 빨간 맛'이에요. 곤약면이나 미역면으로 만들면 열량 걱정이 없지요. 다만 양념에 들어간 나트륨을 줄이기 위해 채소 폭탄을 한다는 것! 오이, 당근, 파프리카, 양배추 등 냉장고 속에 있는 채소를 듬뿍 넣어보세요(미역면 만큼 매력적인 톳면도 있어요~!). 포만감이 좋아 만족스러운 메뉴랍니다.

재료

미역면 200g
오이 ¼개
깻잎 2장
당근 ⅙개
양배추 ⅛통(채 썰었을 때 1줌)
달걀 1개

*양념장 :
고추장 1T
간장 1T
다진 마늘 ½T
꿀 ½T
식초 조금
참기름 조금
참깨 조금

❶ 미역면 200g은 찬물에 씻어 물기를 빼놓아요.

❷ 고추장 1T, 간장 1T, 다진 마늘 ½T, 꿀 ½T, 식초 조금, 참기름 조금, 참깨 조금을 섞어서 양념장을 만들어주세요.

❸ 달걀 1개를 삶아 껍질을 까서 반으로 자르고, 오이 ¼개, 깻잎 2장, 당근 ⅙개, 양배추 ⅛통은 채 썰어주세요.

❹ 미역면에 삶은 달걀과 채 썬 채소, 양념장을 올려주세요.

이렇게 먹으면 더 맛있다!

1. 양념장을 조금 적게 넣고 열무김치나 김치류를 조금 섞어도 맛있어요.
2. 닭가슴살 또는 수육을 곁들여 먹어도 맛있어요.
3. 곤약면이나 해조면으로 요리해도 좋아요.
4. 냉장고 속 채소를 풍성히 넣으면 더욱 건강한 맛이에요.
5. 두유를 부우면 콩국수처럼 먹을 수 있어요.
6. 양념장 대신 크림소스를 넣고 볶으면 크림소스파스타가 됩니다.
7. 미역면을 냉모밀 소스에 찍어 먹어도 맛있어요!

후루룩후루룩 부담 없는 면치기

어묵실곤약면

미진이의 맛있는 이야기

식단 조절에서 빠지지 않고 언급되는 것 하나가 바로 밀가루예요. 탄수화물은 주요 에너지원으로 적당히 먹어야 하지만 라면, 빵, 과자 등 정제된 탄수화물을 과다 섭취하면 끊임없이 음식을 찾게 되고 남은 열량은 지방으로 바뀌어 비만의 주원인이 되거든요. 면을 참 좋아하는 친구가 "밀가루를 멀리하면서 면치기를 무조건 참으니 스트레스를 받아 오히려 건강이 악화될 것 같다기에 이 조리법을 보내주었어요. 그러자 바로 후루룩후루룩 곤약면치기를 하는 동영상을 보내왔다는.

재료

어묵 200g
실곤약 100g
달걀 1개
표고버섯 1개
국물용 멸치 5마리
다시마 2장
양파 ⅙개
어슷 썬 대파 10g
고추 ¼개
국간장 1T
후춧가루 조금
물 500㎖

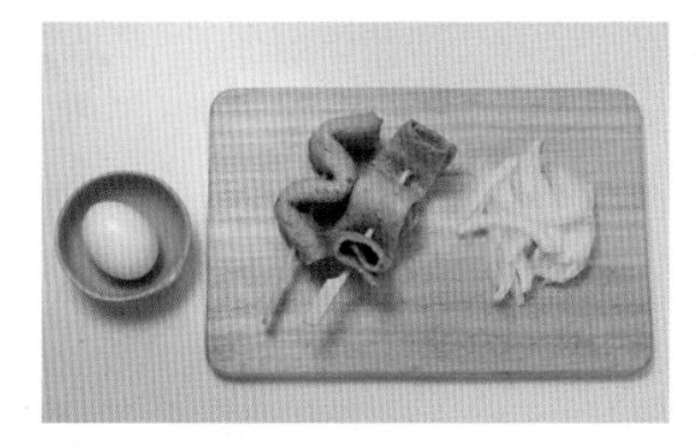

❶ 어묵 200g은 꼬치에 꽂고, 양파 ⅙개는 채 썰고, 달걀 1개는 삶아서 껍질을 까주세요.

❷ 냄비에 물 500ml, 표고버섯 1개, 국물용 멸치 5마리, 다시마 2장을 넣고 끓으면 뚜껑을 열어 10분 더 끓인 후 다시마만 건져내세요.

Tip. 멸치는 내장을 빼고 다듬어서 그냥 먹어도 돼요.

❸ ②에 어묵꼬치와 채 썬 양파, 삶은 달걀을 넣고, 국간장 1T, 후춧가루로 양념한 후, 어슷 썬 대파, 어슷 썬 고추 ¼개를 넣어요.

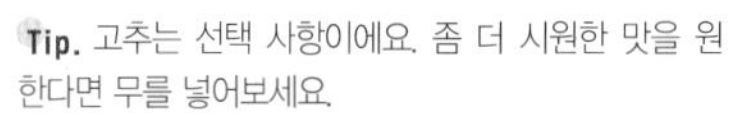

Tip. 고추는 선택 사항이에요. 좀 더 시원한 맛을 원한다면 무를 넣어보세요.

❹ 실곤약 100g을 3분 정도 삶은 후 찬물에 헹군 다음 물기를 빼두세요.

❺ ③에 실곤약을 넣어요.

Tip. 두부나 쑥갓을 넣어보세요.

요리가 쉬워지는 꿀팁

ㄴ 실곤약을 삶을 때는?

실곤약을 개봉해 냄새를 맡아보면 먹기 싫을 거예요. 왜냐하면 이상야릇한 냄새가 나거든요^^; 당황하지 말고 끓는 물에 식초 1숟가락을 넣고 뚜껑을 연 채로 3분 정도 삶아주면 됩니다.

ㄴ 건강한 어묵 고르는 tip!

❶ 밀가루가 전혀 들어가지 않은 어묵! 밀가루 대신 전분이 들어가 있을 거예요.
❷ 흰살 생선 함량이 90% 이상인 어묵!
❸ 튀긴 어묵 말고 찐 어묵!

Special
스파이럴라이저로
내가 원하는 채소면 만들기!

재료

채소면 만들기

좋아하는 채소
(감자, 브로콜리 밑동, 애호박, 고구마, 당근, 우엉, 오이 등)

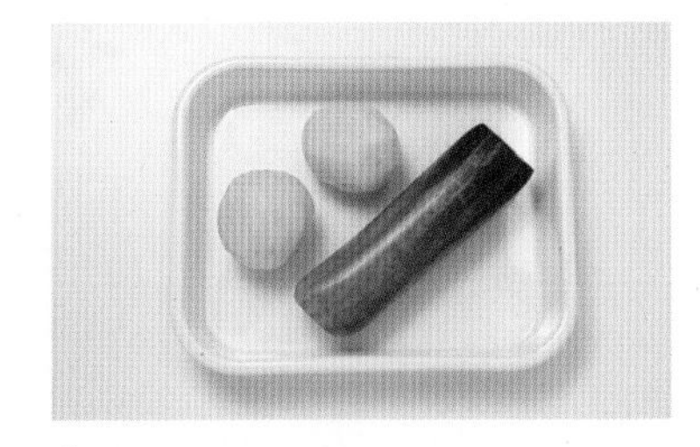

❶ 준비한 채소를 깨끗이 씻어주세요.

❷ 스파이럴라이저에 원하는 두께의 칼날을 끼우고 채소를 꽂아 손잡이를 돌돌돌 돌려주세요.

Tip. 끊김 없이 한 번에 돌돌돌 돌려주세요! 파스타를 만들 때는 2mm를 사용하면 좋아요.

이렇게 먹으면 더 맛있다!

1. 오이면은 익히지 말고 콩국수나 오이냉국을 만들어 먹어보세요. 끝내줘요.
2. 감자면과 고구마면은 물에 담가 전분기를 빼고 키친타월로 물기를 제거한 후 요리해주세요.
3. 브로콜리면은 브로콜리 밑동으로 만드는 채소면이에요. 밑동에는 영양소가 많은데 식감도 좋고 맛도 좋아요.
4. 애호박면은 토마토소스와 바질페스토와 만났을 때 가장 맛있어요.

+ *bonus recipe*

재료

채소면, 시판용 토마토소스 3T, 올리브유 2T, 마늘 4개, 양파 ⅙개, 삶은 닭가슴살 1덩이 (또는 닭가슴살 소시지 1개)

*시판용 토마토소스는 토마토 함량이 높은 제품을 사용하세요.

토마토소스채소면파스타

❶ 마늘 2개는 너무 잘지 않게 다지고 나머지 2개는 편으로 썰어서 팬에 올리브유 2T을 두르고 볶아요.

❷ 채 썬 양파 ⅙개, 찢은 닭가슴살 1덩이를 넣고 볶다가 채소면, 시판용 토마토소스 3T을 차례로 넣어주세요.

☆ 요리가 쉬워지는 꿀팁

ㄴ **스파이럴라이저 고르기**

❶ 스파이럴라이저는 대형마트나 인터넷에서 쉽게 살 수 있어요. 여러 종류의 칼날로 구성되어 있는 것을 추천해요.

❷ 스파이럴라이저 칼날의 종류는 대부분(평균적으로) 2㎜, 3㎜, 5㎜, 7㎜ 구성이에요. 뾰족한 톱니가 많을수록 채소면이 얇게 뽑아지는 날이에요. 저는 보통 2㎜를 가장 많이 사용하고, 무른 야채는 3㎜, 칩을 만들 때는 7㎜를 사용하는 것이 개인적으로는 좋았어요!

Special

바질페스토 채소면파스타

재료

감자면(감자 1개)
시판용 바질페스토 3T
마늘 4개
양파 ⅙개
올리브유 2T

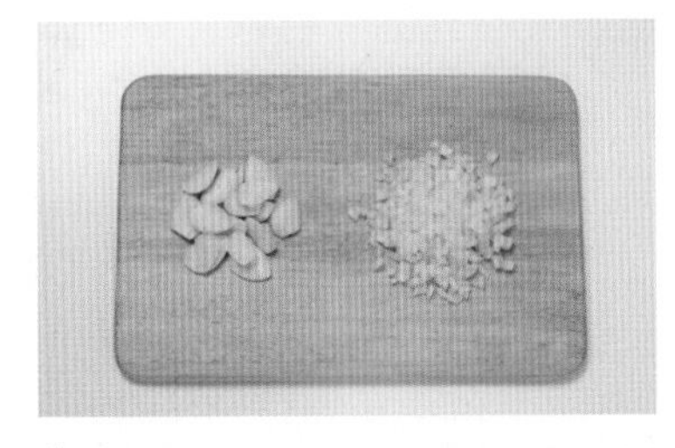

❶ 마늘 4개는 편으로 썰고, 양파 ⅙개는 다져 주세요.

❷ 팬에 올리브유 2T을 두르고, 마늘편, 다진 양파를 볶아요.

Tip. 매콤한 걸 좋아하면 페페론치노나 매운 고추를 넣어주세요.

❸ ②에 바질페스토 3T을 넣고 살짝 볶아요.

❹ ③에 감자면을 넣고 볶아주세요.

Tip. 마지막에 파마산 치즈 가루를 살짝 뿌려 먹어도 맛있어요.

+ *bonus recipe*

채소면알리오올리오

재료

채소면, 새우(또는 바지락), 올리브유 ½컵, 마늘 8개, 양파 ⅙개, 소금 조금, 후춧가루 조금, 페페론치노 조금

❶ 마늘 8개는 편으로 썰어서 팬에 올리브유 ½컵을 두르고 3분 정도 볶아 마늘 기름을 만들어요.
❷ 양파 ⅙개를 채 썰어서 넣고 투명해질 때까지 볶아주세요.
❸ 새우(또는 바지락), 소금, 후춧가루, 페페론치노를 넣고 살짝 볶은 뒤 채소면을 넣고 한 번 더 볶아요.

Tip. 곡물빵을 곁들이면 맛있어요.

Special

크림소스채소면 파스타

재료

애호박면(애호박 ½개)
달걀흰자 2개
표고버섯 1줌
마늘 5개
저지방 우유 200㎖
파마산 치즈 가루 1T
올리브유 조금

❶ 달걀흰자 2개를 풀어서 휘핑해주세요.

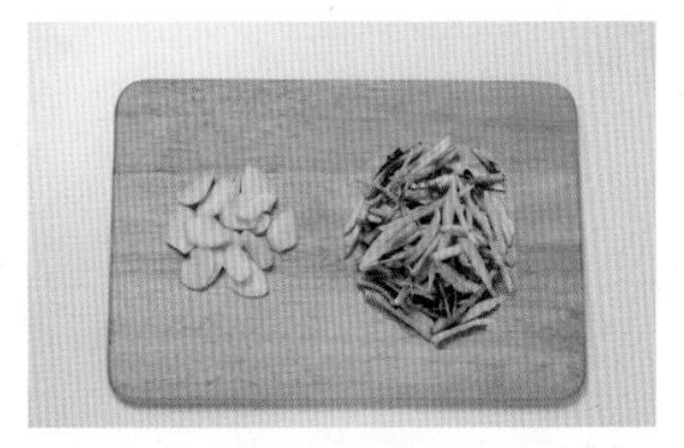

❷ 표고버섯 1줌은 기둥을 떼어낸 후 슬라이스로 썰고, 마늘 5개는 얇게 편으로 썰어요.

Tip. 식감을 위해 느타리버섯 ½줌, 표고버섯 ½줌을 섞어도 좋아요.

❸ 팬에 올리브유를 두르고 마늘편을 볶다가 휘핑한 달걀흰자를 넣고 약불에 볶아요.

❹ 저지방 우유 200㎖를 붓고 한소끔 끓으면 표고버섯과 애호박면을 넣고 적당히 졸아들면 파마산 치즈 가루 1T을 뿌려주세요.

Tip. 기호에 맞게 소금과 후춧가루로 간을 해주세요.

+ *bonus recipe*

블루베리소스채소면 파스타

재료

두유 1팩, 블루베리 2T, 양파 ¼개, 마늘 3개, 파마산 치즈 가루 1T, 올리브유 조금

❶ 양파 ¼개는 채를 썰고, 마늘 3개는 편으로 썰어주세요.
❷ 두유 1팩와 블루베리 2T을 믹서에 갈아요.
❸ 팬에 올리브유를 두르고 마늘편을 볶다가 채 썬 양파를 넣고 투명해질 때까지 볶아주세요.
❹ ③에 ②를 넣고 살짝만 끓여요.

Tip. 너무 오래 끓이면 유지방이 분리돼요.

❺ 채소면을 넣고 파마산 치즈 가루 1T을 뿌려 골고루 섞어주세요.

Tip. 채소면 대신 두부면으로 만들어도 좋아요.

PART : 5
다이어트 샐러드

각종 채소에 지긋지긋한 닭가슴살만 얹은 샐러드는 이제 그만!
소불고기, 골뱅이, 연어, 도토리묵전, 명란 등을 올린
다양한 샐러드를 소개할게요.
매일 다른 토핑이 올라간 샐러드를 만들어 먹는다면
다이어트가 더 즐거울 거예요.

고추장, 설탕이 없어 다이어트에 좋은

제육샐러드

미진이의
맛있는
이야기

사실 제육볶음은 제가 그다지 좋아하지 않는 음식이에요. 그런데 이상하게 식단 조절을 하다 보면 평소 즐기지도 않던 빨갛고 매콤한 제육볶음이 생각나는 거예요. 그럴 때마다 만들어 먹은 것이 제육볶음 샐러드예요. 제육볶음에 설탕과 고추장을 넣지 않고 쌈 대신 샐러드를 곁들여 보기도 좋고 먹기도 좋게 만들었답니다. 고기는 사실 구워서 소금만 쳐서 먹어도 맛있는 참사랑♥

재료

돼지고기 200g(제육볶음용)

상추 5장

깻잎 5장

올리브오일 조금

알룰로스 0.3T

다진 마늘 0.5T

*양념장 :

간장 1T

고춧가루 1T

*제육볶음용 돼지고기는 앞다리살, 뒷다리살, 안심, 등심 등 지방이 적은 부위가 좋아요.

❶ 간장 1T, 고춧가루 1T을 섞어 양념장을 만들고, 상추 5장, 깻잎 5장은 깨끗이 씻어 물기를 제거하고 채를 썰어요.

Tip. 채를 써는 대신 쌈으로 싸 먹어도 좋아요.

❷ 프라이팬에 올리브오일을 살짝 두르고 돼지고기 200g을 반쯤 익을 때까지 골고루 볶아요.

Tip. 고기를 익히는 과정에서 생긴 수분과 기름은 키친타월로 닦아주세요.

❸ 돼지고기가 반쯤 익으면 양념장과 알룰로스 0.3T, 다진 마늘 0.5T을 넣어 잘 버무린 뒤 한 번 더 볶아주세요.

❹ 채 썬 상추와 깻잎을 접시에 깔고 제육볶음을 올려주세요.

이렇게 먹으면 더 맛있다!

1. 이 양념장을 그대로 사용해 돼지고기를 오징어로 바꿔서 요리해도 좋아요. 오징어 껍질을 벗기면 염분이 줄어들어 다이어트에 더욱 좋답니다.

2. 각종 채소를 함께 올려도 좋지만 제육샐러드는 상추, 깻잎, 고기의 조합이 깔끔하고 먹기 가장 좋답니다.

3. 알룰로스는 무화과와 포도 등에 들어 있는 단맛 성분으로 설탕의 10분의 1칼로리라 다이어트에 좋아요.

☆ 플러스 레시피

재료

[고기 1kg 기준]
껍질 깐 토마토 1개,
진간장 1.5T, 국간장 0.7T,
고추장 2T, 고춧가루 2T,
다진마늘 1.5T, 아가베시럽 1T,
설탕 1T, 양파 ⅙개, 사과 ⅙개,
생강가루 조금, 참기름 조금,
후춧가루 조금

고기 요리에 쓰면 요긴한 만능 토마토 고추장 소스

생토마토가 들어가 맵지 않고 덜 자극적인 소스에요. 어떤 고기 요리든 잘 어울려서 깜짝 놀랄 거예요.

❶ 껍질 깐 토마토와 양파, 사과는 믹서기에 갈아주세요.

❷ 밀폐용기에 갈아놓은 토마토, 양파, 사과를 넣고 나머지 재료와 잘 섞어주세요.

❸ 냉장고에 하루 숙성 후 먹으면 더 맛이 좋아요.

다이어터의 마음까지 든든한

소불고기샐러드

미진이의
맛있는
이야기

밥 차리기 귀찮은 날 다이어트 도시락을 시켜 먹어본 적이 있어요. 여러 가지 종류의 도시락 중 소불고기샐러드를 주문했는데, 받자마자 완전 실망스러웠어요.ㅠㅠ 배달 음식이다 보니 소불고기가 차가운 건 어쩔 수 없지만, 고기에 붙은 지방이 허옇게 굳어서 다이어트로 한껏 예민해진 마음이 더욱 안 좋더라고요. 더구나 샐러드를 먹는 순간, '아, 이건 내가 만들어 먹어야겠다' 싶은 거 있죠? 그래서 다음 날 바로 소불고기샐러드를 만들어 먹었는데, '역시 소불고기는 따뜻해야 맛있지!' 했답니다.

재료

소고기 등심 200g(불고기용)

양파 ¼개

냉장고 속 채소들

올리브유 조금

*양념장 :
간장 1.5T
다진 마늘 0.5T
매실액 0.3t
올리고당 0.2t

❶ 채소는 먹기 좋게 썰고, 양파 ¼개는 채를 썰어 찬물에 10분 정도 담갔다 건져 물기를 빼주세요.

❷ 간장 1.5T, 다진 마늘 0.5T, 매실액 0.3t, 올리고당 0.2t을 섞어 양념장을 만들고, 불고기용 소고기 등심 200g은 볼에 담아주세요.

❸ 소고기 등심에 양념장을 버무려요.

Tip. 표고버섯을 함께 넣어도 맛있어요.

❹ 프라이팬에 올리브유를 아주 살짝만 두르고 양념한 소고기를 볶아요.

❺ 볶은 소고기와 채소, 채 썬 양파를 섞어주세요.

이렇게 먹으면
더 맛있다!

1. 매콤한 소불고기샐러드를 원한다면 마지막 단계에서 스리라차 소스를 더해보세요.

2. 소불고기샐러드는 술안주로도 좋아요. 알코올은 다이어트의 적이지만 정말 어쩔 수 없는 상황이라면 소불고기샐러드를 안주로 권합니다.

3. 현미밥을 곁들이면 한 끼 식사로도 거뜬해요.

4. 삶은 메추리알이나 달걀을 곁들여도 참 맛있어요.

5. 간 소고기를 사용하면 빨리 익어서 요리하기 편하고, 양념이 잘 베어서 더 맛있어요.

보기 좋은 샐러드가 맛도 좋다!

사과비트샐러드

미진이의
맛있는
이야기

언젠가 외곽의 한 레스토랑에서 먹은 샐러드가 인상적이었어요. 특별한 재료가 들어가지는 않았지만 색감이 참 예뻤거든요. '역시 보기 좋은 떡이 먹기도 좋다'고 하는구나 싶을 정도였어요. '집에 돌아가면 예쁜 색감으로 샐러드를 만들어봐야겠다'고 생각했고, 냉장고에 있는 사과와 비트로 샐러드를 만들었어요. 아삭아삭 식감도 좋고 고운 선홍색 비트와 하얀 속살의 사과 조합도 예뻐서 특히 손님 초대 요리로 추천합니다.

재료

사과 ½개
비트 ¼개(100g)
샐러리 5㎝
으깬 견과류 1T
레몬즙 1T

❶ 샐러리 5㎝는 잎을 떼어내고 필러로 섬유질 껍질을 벗겨낸 후 먹기 좋은 크기로 썰어요.

❷ 사과 ½개, 비트 ¼개는 채를 썰거나 먹기 좋게 한입 크기로 썰어주세요.

❸ 접시에 샐러리, 사과, 비트를 담고 레몬즙 1T을 버무려 5분간 재워둬요.

❹ 샐러드 위에 으깬 견과류 1T을 뿌려 먹어요.

이렇게 먹으면 더 맛있다!

조금 더 맛있게 먹고 싶다면 드레싱을 뿌려 드세요. 드레싱은 따로 사지 않고 집에서 휘리릭 만들 수 있답니다.

1. 요거트 드레싱 : 저지방 플레인 요거트 ½통, 참깨 1T

2. 레몬 드레싱 : 레몬즙 1T, 올리브유 1T, 식초 1t, 후춧가루 조금, 다진 파슬리 ½t

3. 꿀 드레싱 : 꿀 1T, 다진 아몬드 1T

Tip. 시판용 드레싱을 사용할 때는 오일이 베이스인 발사믹이나 오리엔탈 추천.

보기만 해도 기분 좋아지는 마법

생연어오렌지아보카도샐러드

미진이의
맛있는
이야기

손님을 초대했을 때 생연어오렌지아보카도샐러드를 내놓으면 하나같이 "우와~" 하고 감탄을 해요. 연두색과 주황색이 골고루 섞여 참 예쁘거든요. SNS에 업로드하기도 딱 좋답니다. 식당에서 연어덮밥을 주문하면 아보카도가 꼭 조금씩 곁들여 나올 정도로 연어와 아보카도의 만남은 늘 옳아요. 거기에 상큼한 오렌지까지 더하면 한층 더 맛이 좋아진답니다.

재료

생연어 150g
오렌지 1개
아보카도 ½개
양파 ¼개
시판 오렌지 드레싱 1T
어린잎채소 1줌

① 생연어 150g을 먹기 좋은 크기로 자르고 오렌지 드레싱 1T을 버무려 5분간 재워두세요.

Tip. 오렌지 드레싱은 연어 특유의 비린 맛을 잡아줘요.

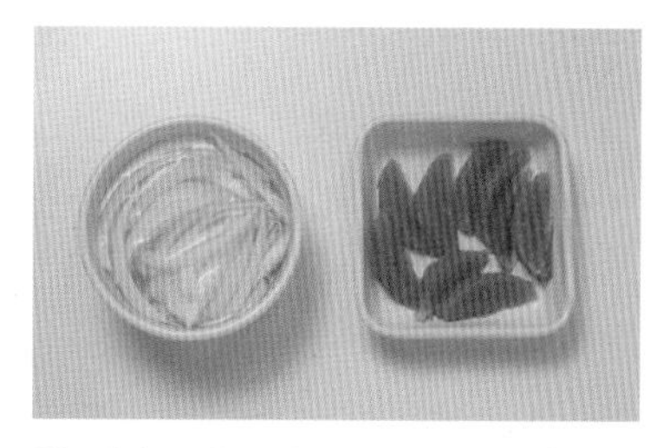

② 양파 ¼개는 채를 썰어 찬물에 10분 정도 담갔다 꺼내 물기를 빼고, 오렌지 1개는 껍질을 벗겨 과육만 발라주세요.

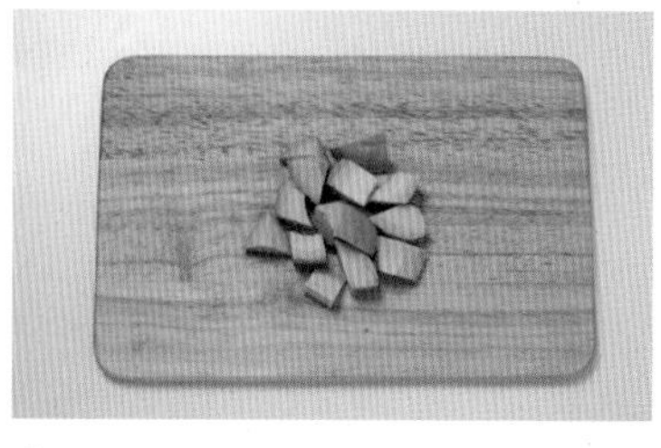

③ 아보카도 ½개는 먹기 좋은 크기로 잘라요.

④ 어린잎채소 1줌을 깨끗이 씻어 물기를 뺀 후 연어, 양파, 오렌지, 아보카도와 잘 섞어요.

이렇게 먹으면 더 맛있다!

생연어오렌지아보카도샐러드에 어울리는 드레싱이 따로 있어요. 냉장고에 있는 재료로 간편히 만들어서 뿌려 먹어도 좋아요.

1. 요거트 견과 드레싱 : 플레인 요거트 3T, 아몬드 슬라이스 1T

2. 매실 드레싱 : 매실액 2T, 포도씨유 1T, 레몬즙 1T

요리가 쉬워지는 **꿀팁**

1. 오렌지가 없다고요? 그럴 때는 오렌지 함유량이 높은 오렌지 주스를 살짝 뿌리면 비슷한 맛을 낼 수 있어요.
2. 아보카도는 적당히 숙성해서 먹어야 하는 후숙 과일이에요. 문제는 '적당히'가 어느 정도인지 잘 모른다는 거! 만일 아보카도가 속이 거뭇할 정도로 지나치게 숙성되었다면 썰지 말고 으깨서 올리거나 과카몰리로 만들어 샐러드에 넣어도 좋아요.

*과카몰리:멕시코 요리 소스로, 으깬 아보카도에 다진 양파, 토마토, 고추, 고수, 라임즙 등을 섞어서 만들어요.

알고 먹으면 **더 맛있다!**

연어 : 고도불포화지방산의 하나인 DHA 함유량이 풍부해 뇌신경 기능을 활성화하는 데 효과적이어서 치매 예방에 도움이 됩니다.

아보카도 : 스트레스에 지친 뇌의 긴장을 완화하는 데 도움이 되고, 콜레스테롤의 산화와 분해를 막아줘서 뇌의 혈액순환을 원활하게 하는 기능까지 있어요.

우리 모두는 누군가의 골뱅이였다

오이골뱅이샐러드

미진이의
맛있는
이야기

어느 날 TV에서 통골뱅이가 나오자 남편이 이렇게 말했어요.
"10년 전에 청량리역 앞에 있는 시장에서 군대 동기들과 오랜만에 만나서 통골뱅이집을 갔거든? 그때 처음 통골뱅이를 초고추장에 찍어 먹어본 거야. 골뱅이 똥이라는 부위까지 무지 고소하더라고. 그때 기억이 아직도 찐~~~해~"
이 찐~한 추억이 전 여친과의 추억인지 아니면 진짜 군대 동기들과의 추억인지는 모르겠지만, 이 이야기를 듣고 남편을 위해 만들어준 것이 오이골뱅이샐러드랍니다.

재료

골뱅이 120g
오이 ½개
어린잎채소 1줌

*소스 :
액젓 1T
레몬즙 2T
참기름 1T
표고버섯 ½개

❶ 골뱅이 120g을 끓는 물에 데쳐서 찬물에 헹군 다음 먹기 좋은 크기로 잘라주세요. 표고버섯 ½개도 데쳐서 찬물에 헹군 다음 물기를 꽉 짜내고 다져요.

❷ 오이 ½개는 어슷썰기를 하고, 어린잎채소 1줌은 깨끗이 씻은 후 물기를 제거해요.

❸ 액젓 1T, 레몬즙 2T, 참기름 1T, 다진 표고버섯을 섞어 소스를 만들어요.

❹ 접시에 골뱅이, 오이, 어린잎채소를 담고 소스를 뿌려주세요.

이렇게 먹으면 더 맛있다!

1. 골뱅이에는 역시 소면이죠. 다이어트 중이라 소면이 부담스럽다면 미역면이나 곤약면, 두부면을 곁들여보세요.

2. 이왕 샐러드를 먹기로 결심했으니 스파이럴라이저로 채소면을 만들어 곁들이는 건 어떨까요? 자세한 방법은 채소면 만들기(p.164)를 참조해주세요.

알고 먹으면 더 맛있다!

└ 오이와 환상 궁합
골뱅이 :

술안주로 인기 많은 골뱅이는 고단백 저지방 식품이라 다이어트를 하는 사람들에게 좋은 식재료예요. 100g 기준 86kcal랍니다. 골뱅이에는 단백질뿐 아니라 비타민, 무기질이 들어 있어서 노화 방지, 신진대사 촉진, 피로 회복 등에 도움이 된다고 해요. 특히 오이와 환상 궁합을 자랑하는데, 오이는 골뱅이의 부족한 식이섬유와 비타민C를 보충해준다고 하네요. 다만, 통조림 골뱅이는 밀봉 과정에서 퓨란이라는 발암물질이 생길 수 있다고 하니, 뚜껑을 열고 5~10분 정도 지난 후 조리하는 것이 좋아요. 퓨란은 휘발성이기 때문에 날아간답니다. 또 생골뱅이를 드실 경우에는 반드시 삶은 뒤 귀청(타액선, 삶아서 세로로 가르면 흰 알맹이 형태)을 제거하고 조리하세요. 테트라민이라는 신경 독이 들어 있어서 어지럼증과 졸음, 구토, 설사, 식중독 증상을 일으킨다고 하네요. 물론 통조림 골뱅이는 괜찮아요~

입맛 없는 아침, 내 마음 잘 알아주는

잡곡식빵토마토구이샐러드

미진이의
맛있는
이야기

건강한 식습관을 들이고 난 후부터는 아침을 꼭 챙겨 먹어요. 아침을 먹어야 비만이 될 확률도 낮고 체중 감량 후에 요요가 올 확률도 낮기 때문이죠. 체중 감량을 한 후 오랜 시간 동안 요요가 오지 않은 것으로 보아 아침 먹는 습관은 확실히 좋은 것 같아요. 그래서 입맛 없는 아침마다 무엇을 먹을까 생각하다가 만들어낸 것이 잡곡식빵토마토구이샐러드예요. 재료와 방법도 간단한데 생각보다 맛있어서 아마 깜짝 놀랄 거예요.

재료

잡곡식빵 1장

토마토 1개

저염 치즈 1장

플레인 요거트 1통(85g)

허브 가루 조금

❶ 잡곡식빵 1장은 앞뒤로 노릇하게 굽고, 토마토 1개는 얇게 썰어주세요.

Tip. 토마토는 너무 얇지 않게 썰어야 더 맛있어요.

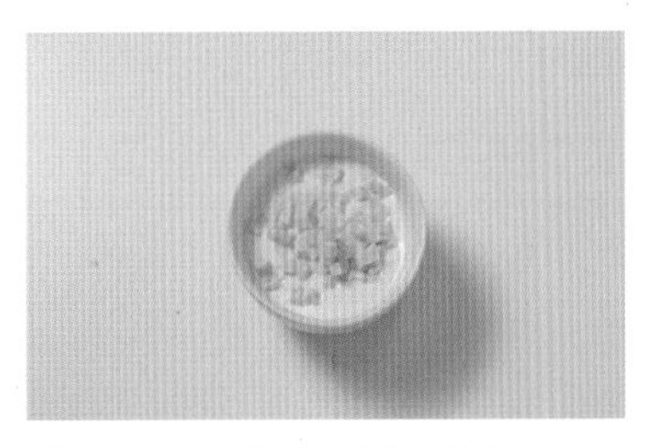

❷ 저염 치즈 1장을 잘게 썰어 플레인 요거트 1통에 넣고 섞어주세요.

❸ 토마토 위에 ②를 올리고 허브 가루를 솔솔 뿌려 200℃로 예열한 오븐에 10분간 구워요.

Tip. 치즈가 녹을 때까지 구워주세요.

❹ 구운 식빵 위에 구운 토마토를 올리거나 식빵을 먹기 좋게 잘라서 구운 토마토와 곁들여 먹어요.

이렇게 먹으면 더 맛있다!

다이어트 중 빵은 무조건 피해야 할 음식이지만, 통밀이나 잡곡이 잔뜩 들어간 식빵은 포만감을 주어서 다이어트에 도움이 됩니다. 물론 적당히 먹을 때만! 그런데 시중에 파는 잡곡식빵은 잡곡 함유량이 너무 낮아요. 전문 베이커리나 쇼핑몰이 아닌 한 제대로 만든 통밀빵이나 곡물빵을 구하기 어려워요. 그런데 집에 있는 에어프라이어를 이용해서 간단히 곡물빵을 만들어볼 수도 있답니다. 물론 반죽과 발효 과정은 손이 많이 가고 어렵지만, 무념무상에 빠져 잠시나마 배고픔을 잊을 수도 있어요.

☆ 플러스 레시피

초간단 다이어트 통밀빵

재료

통밀가루 300g, 이스트 3g, 소금 3g, 미지근한 물 200g

❶ 통밀가루 300g 위에 구덩이 2개를 파서 이스트 3g과 소금 3g을 서로 닿지 않게 각각 넣은 뒤 잘 섞어요. Tip. 날이 춥다면 이스트를 미지근한 물(40도 정도)에 활성화시켜서 넣어요.

❷ 미지근한 물 200g을 넣고 손으로 반죽하세요.

❸ 스테인리스 볼에 반죽을 넣고 랩을 씌운 뒤 공기구멍을 내고 40분간 따뜻한 상태를 유지해 주세요(1차 발효). Tip. 발효 시간은 실내 온도에 따라서 조금씩 차이가 나요.

❹ 1차 발효가 끝난 반죽을 손 반죽으로 공기를 빼낸 뒤, 원하는 크기로 소분해 빵 모양을 잡아주고 또다시 1시간 동안 발효해주세요(2차 발효).

❺ 2차 발효가 끝난 반죽을 손 반죽으로 공기를 빼낸 뒤 다시 빵 모양을 잡아줍니다.

❻ 반죽을 160~170℃로 예열된 에어프라이어에 20분 정도 구워줍니다.

몸과 마음이 따뜻·든든해지는!

도토리묵전샐러드

미진이의
맛있는
이야기

말랑말랑한 묵은 다이어트에 좋은 식재료예요. 도토리묵은 채소를 곁들이고 간장, 고춧가루, 참기름 양념으로 무쳐 먹어도 맛있지만 밥이 당길 수밖에 없죠. 하하하. 그래서 도토리묵과 샐러드만으로도 한 끼 거뜬히 먹을 수 있는 도토리묵전을 만들어봤어요. 전은 언제나 옳잖아요. 달걀이 들어가 단백질을 보충할 수 있고 속도 든든해 다이어터들에게 아주 좋은 한 끼랍니다.

재료

도토리묵 100g
달걀 1개
미나리 1대
깻잎 6장
상추 5장
전분 조금
올리브유 조금
소금 조금

❶ 도토리묵 100g을 먹기 좋은 크기로 썰어요.

❷ 달걀 1개를 풀어 달걀물을 만들고 미나리 1줌을 잘게 썰어서 넣고 소금 간을 한 다음 골고루 섞어요.

❸ 도토리묵에 전분과 달걀물을 순서대로 입혀서 프라이팬에 올리브유를 두르고 구워주세요.

❹ 깻잎 6장, 상추 5장은 채를 썰어 도토리묵 전에 곁들여주세요.

이렇게 먹으면 더 맛있다!

1. 미나리 대신 실파를 썰어 넣어도 맛있어요.
2. 미나리와 깻잎이 들어가 양념장이 따로 없어도 되지만 발사믹 소스를 곁들여도 맛있어요.

알고 먹으면 더 맛있다!
└ 다이어터와 단짝 **도토리묵**

도토리묵은 수분 함량이 많고 포만감을 주지만 칼로리는 낮아 최고의 다이어트 음식으로 꼽힙니다. 게다가 도토리묵 속 탄닌 성분은 지방 흡수를 억제하는 효과까지 있어요. 탄닌은 조리 과정에서 많이 없어지지만, 《동의보감》에 따르면 적당히 남아 있는 탄닌은 모세혈관을 튼튼하게 하고 장과 위를 튼튼히 하는 효능이 있다고 해요. 또한 도토리 속에 들어 있는 아콘산은 중금속 해독에 탁월한 효능을 보인다고 하니, 미세먼지가 극성인 요즘 필수 식재료랍니다.

집스토랑에서 즐기는 근사한 한 끼

명란연두부샐러드

미진이의
맛있는
이야기

두부는 다이어터들에게 정말 중요한 식재료예요. 저도 두부로 이것저것 만들어 먹어보았는데, 특히 연두부는 푸딩처럼 부드러워서 먹기 더 좋답니다. 간장과 참기름으로 살짝만 간을 해서 먹어도 맛있지만, 깻잎과 명란을 곁들이면 근사한 일품 요리가 됩니다. 명란과 깻잎, 연두부의 궁합이 이렇게 훌륭한지 먹어보기 전에는 모를 거예요.

재료

연두부 1모
백명란 1개
깻잎 5장

*양념장 :
참깨 1t
참기름 1T
다진 마늘 ½T

❶ 연두부 1모는 으깨지지 않도록 물기를 빼고, 깻잎 5장은 채를 썰어주세요.

Tip. 연두부는 물기를 빼주어야 쉽게 으깨지지 않고 씹는 식감을 즐길 수 있어요.

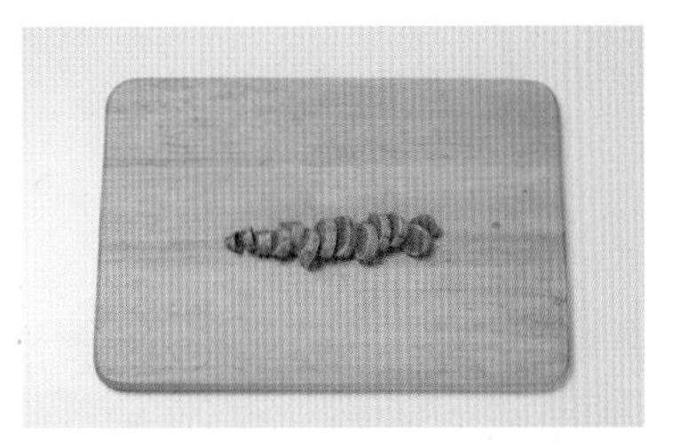

❷ 백명란 1개는 약불에 살짝 구워 먹기 좋게 썰어주세요.

❸ 참깨 1t, 참기름 1T, 다진 마늘 ½T을 섞어 연두부 위에 뿌리고, 채 썬 깻잎과 구운 백명란을 곁들여요.

Tip. 백명란의 짭쪼름한 맛이 부드러운 연두부와 잘 어울려 따로 소금 간을 하지 않아도 좋아요.

이렇게 먹으면 더 맛있다!

1. 백명란을 빼고 먹을 때는 오리엔탈 드레싱과 간장 드레싱을 뿌려 먹어도 맛있어요.

2. 오리엔탈 드레싱 : 간장 3T, 올리브유 1T, 레몬즙 1T, 참깨 1T, 매실액 1T, 다진 마늘 2t, 식초 1t, 천일염 조금, 후춧가루 조금

3. 간장 드레싱 : 저염간장 2T, 다진 양파 1T, 레몬즙 1T, 참기름 1t

4. 연두부를 으깬 뒤 채 썬 깻잎과 백명란과 섞어먹으면 더 맛있어요.

PART : 6

다이어트 수프&간식

입이 심심해서, 단 음식이 당겨서 실패한 적은 없었나요?
여기 다이어트 걱정 없이 즐길 수 있는 다이어트 간식들이 있어요.
닭강정 대신 콩강정을, 고칼로리 치즈과자 대신 진짜 치즈과자를,
마카롱 대신 바나나뚱카롱은 어떨까요?
맛있고, 살이 덜 찔 뿐만 아니라 영양까지 흐뭇하답니다.

따뜻해도 차가워도 맛있는!

고구마수프

미진이의
맛있는
이야기

고구마는 사계절 내내 떨어지지 않게 구비해둬요. 언제부터인지 생각해보니 다이어트를 하는 딸을 위해 부모님이 주말농장에 고구마를 심기 시작하면서부터였어요. 배추김치와 고구마, 총각김치와 고구마, 동치미와 고구마, 커피와 고구마 등 고구마와 환상의 조합이 많지만 가장 좋아하는 우유와 고구마의 조합으로 만들어본 고구마수프예요. 부모님의 사랑만큼 넘쳐나는 고구마로 만들 수 있는 요리가 참 많답니다.

재료

고구마 1개

저지방 우유 200㎖

슬라이스 치즈 1장

시나몬 파우더 조금

❶ 고구마 1개를 전자레인지에 10분 정도 돌려 삶아서 껍질을 벗겨주세요.

Tip. 껍질째 요리해도 되지만 더 깔끔하고 예쁜 비주얼을 원한다면 껍질 없이!

❷ 냄비에 삶은 고구마와 저지방 우유 200㎖를 넣고 고구마를 으깬 후 중불에 끓여요.

❸ 원하는 농도가 되면 슬라이스 치즈 1장을 넣어 녹여주세요.

Tip. 고구마수프는 고소한 맛으로 즐기는 것이지만 '그래도 너무 싱겁다' 싶으면 취향에 따라 소금 간을 해주세요.

❹ 고구마수프를 그릇에 담고 시나몬 파우더를 뿌려 먹어요.

앗, 재료가 남았네! 보너스 레시피

재료

고구마 1개, 양파 ½개, 저지방 우유 200㎖, 검은깨 조금

자연스러운 단맛을 원한다면 양파고구마수프

❶ 고구마 1개를 전자레인지에 10분 정도 돌려 삶아서 껍질을 벗겨내고 으깨주세요.

❷ 양파 ½개를 잘게 썰어 약불에 볶다가 으깬 고구마를 넣고 살짝만 볶은 다음 저지방 우유 200㎖를 붓고 주걱으로 저어가며 끓여주세요.

❸ ②를 믹서에 곱게 갈아서 그릇에 담고 검은깨를 조금 뿌립니다.

단백질 함량이 높아 건강과 다이어트에 좋은

양송이수프

미진이의
맛있는
이야기

2020년 9월 18일, 양송이수프를 만들고 맛있어서 인스타그램에 업로드를 했기에 정확한 날짜를 기억해요. 15분이면 뚝딱 만들 수 있는 수프인데 정말 맛있었거든요. 아침에 뭐라도 챙겨 먹여 보내고 싶은 마음에 후다닥 만들었는데, 남편이 일어나 씻고 나오는 시간보다 더 빨리 완성되더라고요. 제 마음을 알아줘서인지, 남편은 "아웃백스테이크하우스에서 파는 양송이수프보다 더 맛있다"고 칭찬해주었답니다.

재료

양송이버섯 5개
양파 ¼개
감자 ½개
무염 버터 엄지손톱만큼
저지방 우유 250㎖
소금 조금
후춧가루 조금

❶ 양송이버섯 5개, 양파 ¼개, 감자 ½개는 채를 썰어요.

Tip. 감자가 없을 때는 통밀가루 1T로 대신해도 됩니다.

❷ 팬에 무염 버터를 녹인 후 채 썬 양파, 감자를 볶다가 양파가 투명해지면 양송이버섯을 넣고 한 번 더 볶아요.

❸ 양파와 양송이버섯이 갈색으로 변하기 시작하면 불을 끄고 믹서에 갈아주세요.

Tip. 믹서에 갈지 않고 그냥 끓여도 됩니다.

❹ ③에 저지방 우유 250ml를 넣고 잘 섞으면서 뭉근하게 끓여요.

Tip. 마지막에 슬라이스 치즈 1장을 넣으면 풍미가 훨씬 좋아져요.

❺ 입맛에 맞게 소금과 후춧가루로 간을 하고 그릇에 담아냅니다.

Tip. 남은 양송이버섯을 볶아서 올려도 맛있어요.

앗, 재료가 남았네! 보너스 레시피

재료

표고버섯 3개, 새송이버섯 ½개, 양파 ¼개, 밥 150g, 들기름 ½T, 저지방 우유 200㎖, 들깻가루 2T, 모차렐라 치즈 20g, 소금 조금, 후춧가루 조금

고소하고 영양 많은 들깨버섯죽

❶ 양파 ¼개는 잘게 다지고, 표고버섯 3개와 새송이버섯 ½개는 슬라이스로 썰어주세요.
❷ 팬에 들기름 ½T을 두르고 손질한 양파, 표고버섯, 새송이버섯을 볶다가 전체적으로 노릇해지면 밥 150g을 넣고 섞어요.
❸ ②에 저지방 우유 200㎖, 들깻가루 2T을 넣고 소금과 후춧가루로 간을 한 다음 걸쭉해질 때까지 뭉근하게 끓이다가 마지막에 모차렐라 치즈 20g을 넣고 살짝만 더 끓여주세요.

야! 너두 요리할 수 있어!

단호박두유수프

미진이의
맛있는
이야기

다이어트 초보였던 시절에는 '먹으면 안 돼!' 하며 절식을 하는 날이 많았어요. 그러다 보니 사람들을 만났을 때는 잘 조절하다가 집에 돌아와 폭식을 하고, 중요한 일이 잡히면 다시 절식을 하곤 했어요. 그게 반복되면서 폭식증은 떼려야 뗄 수가 없었어요. 그러다 정신을 차리고 음식을 만들어 먹기 시작하면서 점차 폭식증을 고칠 수 있었어요. 다이어트 요리를 전혀 하지 못했을 때는 쉬운 것부터 하기 시작했답니다. 단호박두유수프도 그중 하나였어요. 달콤하고 부드러운 맛이 그동안 고생한 나에게 위로를 주는 느낌이랍니다.

재료

단호박 150g
무가당 두유 1팩
견과류 ½줌
물 조금

*두유 대신 우유를 넣어도 좋아요. 다만 두유가 우유보다는 칼로리가 낮아요. 다이어트를 할 때는 무가당 두유를 추천합니다.

❶ 단호박 150g은 씨를 파내고 깍둑썰기를 하세요.

❷ 냄비에 단호박과 물을 조금 넣고 약불에 부드러워질 때까지 천천히 익혀주세요.

❸ 단호박이 익으면 물기를 따라낸 후 무가당 두유 1팩을 붓고 휘휘 저어요.

❹ ③을 믹서에 갈아주세요.

❺ 간 단호박을 냄비에 붓고 끓여주세요.

❻ 단호박두유수프를 그릇에 담고 견과류 ½줌을 으깨 토핑으로 올려주세요.

☆ 요리가 쉬워지는 **꿀팁**

1. 다치지 않고 단호박 자르는 법

단호박은 생각보다 단단해서 자르다가 다칠 위험이 높아요. 단호박을 통째로 전자레인지에 4분 정도 돌리면 부드럽게 잘라집니다. 전자레인지에서 꺼낼 때는 매우 뜨거우니 주의하세요.

2. 수프의 느끼함을 없애는 법

크림 요리를 할 때 넛맥(육두구)이라는 향신료를 넣으면 스파이시한 향을 살짝 가미하면서 느끼함을 없애줍니다. 넛맥은 대형마트에서 쉽게 구입할 수 있어요.

☆ 앗, 재료가 남았네! 보너스 레시피

고구마말랭이보다 맛있는 단호박말랭이

❶ 껍질을 벗긴 단호박을 1㎝ 두께로 썰어요.

Tip. 너무 얇게 썰면 딱딱한 단호박말랭이가 되고, 너무 굵게 썰면 맛이 별로 없어요.

❷ 썰어놓은 단호박을 비닐봉지에 담고 소금과 올리브유를 조금씩 넣어 흔들어주세요.

❸ 에어프라이어에 ②를 펼쳐놓고 5분 정도 구운 다음 뒤집어서 5분 더 구워주세요.

Tip. 에어프라이어 대신 프라이팬에 약불로 구워도 좋아요.

인내하는 자만이 맛볼 수 있는 꿀맛

양파수프

미진이의
맛있는
이야기

중국집 앞을 지나가던 중 익숙한데 맛있는 냄새가 코끝을 스쳤어요. "이게 무슨 냄새더라?" 코를 킁킁거려보니 바로 양파 볶는 냄새였지요. 집에 돌아와서도 그 냄새가 잊혀지지 않아 양파를 볶고 싶었어요. 양파 자루에서 푹푹하고 때깔 고운 양파 하나를 꺼냈죠. 양파는 약불에 오래 볶아야 단맛이 높아지므로 참을성 있게 볶는다면 절반은 성공한 것이나 마찬가지예요. 썰 때는 눈물 콧물을 쏙 뺄 만큼 매운 향이 나는 양파가 어쩜 이렇게 놀랄 만큼 단맛이 나는 수프가 될까요? 늘 신기해요.

재료

양파 1개
저지방 우유 200㎖
모차렐라 치즈 1T
올리브유 조금

❶ 양파 1개는 채를 썰어주세요.

❷ 팬에 올리브유를 살짝 두르고 중불에 채 썬 양파를 볶다가 투명해지면 약불로 줄여 갈색이 될 때까지 더 볶아요.

Tip. 약불에 오래 볶아야 양파의 단맛이 높아져요.

❸ ②에 저지방 우유 200㎖를 붓고 끓어오르면 약불로 줄여 살짝 더 끓여요.

❹ 양파수프를 그릇에 담고 모차렐라 치즈 1T을 뿌린 후 치즈가 녹을 정도만 전자레인지에 돌려주세요.

Tip. 전자레인지에 30초만 돌리면 치즈가 녹는데, 전력에 따라 조절해주세요.

이렇게 먹으면 더 맛있다!

1. 저지방 우유 대신 무가당 두유를 넣으면 또 다른 매력적인 맛을 느낄 수 있어요.
2. 빵을 찍어 먹어도 근사해요.

앗, 재료가 남았네! 보너스 레시피

고급 레스토랑 부럽지 않은 프렌치어니언수프

재료

양파 1개, 다진 마늘 1t, 버터 엄지손톱만큼, 치킨스톡 1개, 바게트빵 2조각, 치즈 1T, 소금 · 후춧가루 조금, 물 500㎖

❶ 냄비에 물 500㎖와 치킨스톡 1개를 넣고 끓여 육수를 만들어요.
❷ 양파 1개는 얇게 채를 썰어요.
❸ 팬에 올리브유를 살짝 두르고 중불에 채 썬 양파를 볶다가 투명해지면 약불로 줄여 갈색이 될 때까지 더 볶아요.
❹ ③에 다진 마늘 1t을 넣고, 버터를 엄지손톱만큼 넣은 뒤 버터가 다 녹으면 육수를 붓고 중불에 뭉근히 끓여주세요.
❺ 수프볼에 ④를 담고 바게트빵 2조각, 치즈 순으로 올려서 180℃로 예열한 에어프라이어나 오븐에 넣고 5분 정도 구워줍니다. 기호에 따라 소금, 후춧가루로 간을 해서 먹어요.

바삭바삭 과자가 당길 때!

치즈과자

미진이의
맛있는
이야기

친구가 오픈한 와인 가게에서 처음 먹어본 인도네시아산 게리 치즈 크래커, 일명 '게리 과자'로 불리는데 냉동실에 얼렸다 먹으니 마구 들어가더라고요. 너무 맛있어서 집에 돌아와 인터넷으로 몇 봉지 사서 먹었어요. 그렇게 신나게 먹던 어느 날 게리 과자의 성분표를 봤는데, 오 마이 갓! 자그마치 110g에 545.6kcal. 맛있으면 0kcal라지만 이건 정말 아니다 싶어 게리 과자 대신 치즈과자를 만들었어요. 하루가 지나도 눅눅해지지 않으니 외출할 때 간식으로 가지고 다녀도 좋아요.

재료

슬라이스 치즈 2장

❶ 슬라이스 치즈 2장을 비닐 포장을 벗기지 않은 상태에서 9~12등분으로 자른 뒤 비닐을 제거해주세요.

Tip. 치즈가 부풀어 오르는 걸 감안해서 잘라주세요.

❷ 종이호일 위에 자른 치즈를 올리고 전자레인지에 30초씩 4~5번 돌려요.

Tip.1 종이호일 대신 전자레인지 전용 그릇을 사용해도 됩니다.

Tip.2 랩이나 뚜껑을 씌우면 수분이 날아가지 않아 부풀지 않으니 사용하지 마세요.

❸ 30초 정도 식히면 바삭바삭한 치즈 과자가 완성됩니다.

이렇게 먹으면 더 맛있다!

1. 치즈 과자의 모양이 꼭 네모날 필요는 없어요. 쿠키 커터로 예쁜 모양을 만들어보세요.
2. 저염 치즈로 만들어도 맛있어요.

알고 먹으면 더 맛있다!
ㄴ 치즈 :

치즈는 단백질이 20~30%나 들어 있는 고단백 식품이에요. 이뿐 아니라 칼슘, 미네랄, 비타민 등 우리 몸에 필요한 영양소가 듬뿍 들어 있어요. 다만 비타민C와 식이섬유는 부족하니, 과일이나 채소와 함께 먹으면 더 좋습니다. 특히 우유를 소화시키지 못하는 분이라면 주목하세요! 치즈에는 우유의 영양이 그대로 들어 있으면서도, 유당이 들어 있지 않아 유당불내증이 있는 사람들에게 좋답니다. 그러나 치즈에는 지방도 20~30% 들어 있고, 100g당 열량이 250~400㎉(종류에 따라 다름)나 되니 다이어트를 한다면 적당히 먹는 것이 좋겠지요?

매콤하면서도 씹히는 맛이 담백한

콩강정

미진이의
맛있는
이야기

식물성 단백질이 풍부한 콩으로 만든 요리를 좋아하게 된 계기가 있어요. 몸의 변화가 느껴져야 다이어트도 재미있게 더 잘할 수 있잖아요. 탄수화물을 줄이고 단백질 비율을 높여서 잘 챙겨 먹는데도 정체기가 꽤 오래가길래 단백질을 동물성에서 식물성으로 바꿨더니 정체기가 없어지더군요. 그때부터 콩으로 만든 요리를 더 즐기게 됐답니다.

재료

대두 ½컵(종이컵)

서리태 ½컵

통밀가루 4T

으깬 견과류 2T

물 1T

*양념장 :

고추장 1T

알룰로스 2T

간장 ½T

❶ 대두 ½컵, 서리태 ½컵을 물에 5시간 불린 뒤 물에 헹구고 부드럽게 익을 때까지 삶은 다음 체에 받쳐 물기를 빼요.

❷ 볼에 삶은 대두와 서리태를 담고 통밀가루 4T과 으깬 견과류 2T, 물 1T을 넣고 반죽해요.

❸ 반죽을 숟가락으로 떠서 프라이팬에 구워주세요.

Tip. 에어프라이어나 오븐에 구워도 좋아요.

❹ 고추장 1T, 알룰로스 2T, 간장 1/2T을 섞어 양념장을 만들어요.

❺ 노릇노릇 잘 구워진 콩강정을 양념장에 버무리거나 찍어 먹어요.

이렇게 먹으면 더 맛있다!

1. 대두나 서리태뿐 아니라 어떤 콩을 사용해도 좋아요.

2. 콩을 너무 오래 삶으면 메주 냄새가 나니 30분 이내로 삶는 것이 좋아요.

3. 탕수육 소스(p.084)에 찍어 먹어도 맛있어요.

매콤한 과자가 당길 때

병아리콩과자

미진이의
맛있는
이야기

병아리콩에 들어 있는 단백질과 섬유질은 식욕을 억제하는 효과가 있어요. 단백질은 식욕 감소 호르몬 수치를 늘릴 뿐 아니라 섬유질과 함께 소화 속도를 늦춰 포만감이 오래가죠. 한때 병아리콩 붐이 일어난 적이 있는데 그때부터 지금까지 꾸준히 먹고 있답니다. 카레 가루까지 넣어 질리지 않고 더욱 감칠맛 나는 간식을 만들어보았어요.

재료

병아리콩 200g

카레 가루 ½T

고춧가루 1t

올리브유 조금

*단백질 함량이 높은 병아리콩 100g 기준 약 143kcal. 개수로는 130개 정도.

❶ 병아리콩 200g에 3배의 물을 붓고 6시간 불린 뒤 체에 받쳐 물기를 빼주세요.

Tip. 잠들기 전 물을 부어두는 것이 좋아요. 병아리콩이 처음보다 2배로 커질 거예요. 오래 걸리더라도 물기를 완전히 없애야 더 바삭바삭한 과자가 된답니다.

❷ ①에 카레 가루 ½T과 고춧가루 1t을 넣고 버무려주세요.

❸ ②를 180℃로 예열된 오븐이나 에어프라이어에 15분간 구워주세요.

Tip. 보관해두고 먹으려면 완전히 식힌 다음 밀폐용기에 담아주세요. 이때 김에 들어 있는 제습제를 함께 넣어 보관하면 바삭함이 더 오래갑니다.

이렇게 먹으면 더 맛있다!

1. 샐러드 먹을 때 토핑으로 올려도 좋아요.
2. 꿀에 버무려 먹어도 맛있어요.
3. 병아리콩을 그냥 삶아 먹어도 맛있어요. 금방 삶은 병아리콩은 밤맛이 난답니다.

앗, 재료가 남았네! 보너스 레시피

병아리콩두유

❶ 병아리콩 250g을 6시간 이상 물에 불려주세요.

❷ 불린 병아리콩에 물 600㎖를 붓고 20분 정도 끓여주세요.

Tip. 중간에 한 알 꺼내서 익은 정도를 파악하고 시간 조절을 해주세요. 딱딱하지 않고 잘 으깨지면 다 익은 거예요.

❸ 삶은 병아리콩을 식혀서 믹서에 넣고 천일염을 조금 더해 갈아주세요. 견과류를 넣고 함께 갈면 더 맛있어요.

Tip.1 병아리콩 두유는 원래 좀 뻑뻑해요. 너무 뻑뻑하다면 우유를 살짝 타서 먹어도 됩니다.

Tip.2 병아리콩이 곱게 갈리지 않아서 식감이 거칠거칠해도 건강에는 훨씬 좋아요. 거친 식감이 싫다면 체에 걸러 맑은 물만 내려 먹어도 됩니다. 건더기는 된장찌개나 김치찌개에 넣어보세요.

재료

병아리콩 250g, 물 600㎖, 천일염 조금

그냥 먹어도 맛있는 딸기가 근사한 디저트로!

딸기모자

미진이의
맛있는
이야기

딸기를 싫어하는 사람이 있을까요? 제철이 되면 딸기 뷔페가 따로 열릴 정도로 누구나 좋아하는 과일이에요. 첫 딸기는 좀 비싸고 3주 이상은 지나야 적당한 가격으로 내려가는데 한번 먹기 시작하면 철 내내 계속 먹게 됩니다. 딸기는 주변에 짚(straw)을 깔고 재배한다고 해서 스트로베리(strawberry)라고 이름 붙여졌대요. 앙증맞은 딸기꽃의 꽃말도 '존중 어린 애정'이라니 참 예쁜 것 같아요. 맛있는 딸기로 더 맛있는 디저트를 만들어보아요. 만드는 방법도 간단한데 색과 모양까지 예쁘답니다.

재료

딸기 8개
플레인 요거트 2T
저지방 크림치즈 3T
오트밀 과자 3T(가루 기준)

❶ 딸기 8개를 깨끗이 씻어 꼭지를 떼고 윗부분을 1㎝ 정도 자른 다음 속을 도려내요.

❷ 플레인 요거트 2T, 저지방 크림치즈 3T, 부순 오트밀 과자 3T을 잘 섞어요.

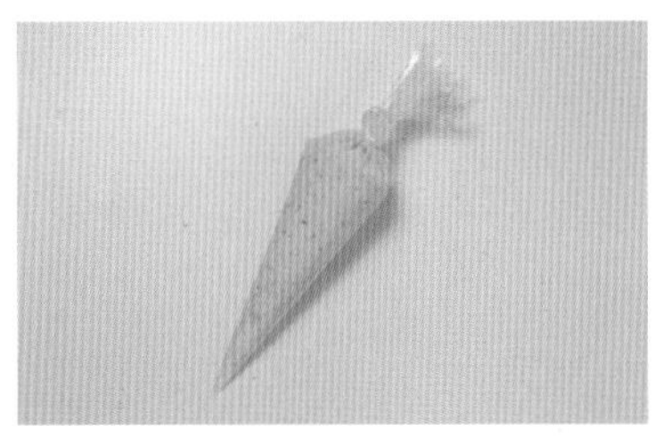

❸ 봉지나 지퍼백에 ②를 넣고 모서리로 모아 끝에 작은 구멍을 내주세요.

❹ 딸기 속에 ③을 짜서 넣어주세요.

❺ 1㎝ 정도 자른 딸기를 ④ 위에 얹고 냉장고에 40분 정도 넣어두세요.

Tip. 속 재료 때문에 너무 오래 두면 눅눅해져요.

이렇게 먹으면
더 맛있다!

1. 플레인 요거트 대신 딸기맛 요거트를 넣어도 됩니다.

2. 오트밀 과자 대신 견과류를 잘게 부숴 넣어보세요.

3. 제가 사용한 과자는 오트밀 스틱으로 위트빅스 오리지널 시리얼이에요. 처음에는 밍밍하다 싶어도 씹다 보면 고소해서 간식으로 즐길 수 있어요. 우유와 함께 먹어도 좋아요.

☆ 알고 먹으면 더 맛있다!
ㄴ 딸기는?

비타민C가 풍부하고 항산화 작용이 뛰어나 일주일에 3회 정도 먹으면 심장 질환에 걸릴 확률이 32%나 낮아진다고 해요^.^

패밀리 레스토랑 부럽지 않은

양파링

미진이의
맛있는
이야기

부모님이 보내주신 양파는 유독 하얗고 반질반질하며 속이 꽉 차서 단단해 보여요. 잘 무르거나 썩지 않아서 크게 신경 쓰지 않아도 오래 두고 먹을 수 있죠. 반을 뚝 자르면 즙이 나오는 그런 싱싱한 양파는 특별히 조리하지 않아도 맛있는 요리가 된답니다. 진짜 양파로 만든 리얼 양파링! 에어프라이어로 구워서 바삭한 식감을 살렸답니다.

재료

양파 1개
통밀가루 2T
말린 호밀식빵 1개
달걀 1개
천일염 조금
올리브유 조금

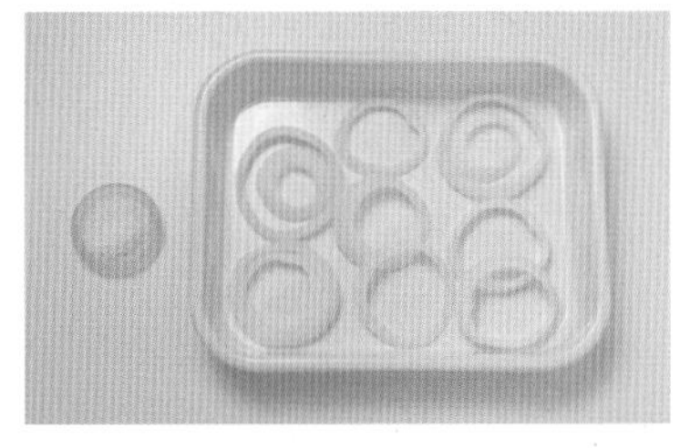

❶ 양파 1개는 링 모양으로 썬 뒤 찬물에 잠시 담가두었다가 물기를 빼고 천일염을 뿌려 밑간을 해주세요.

❷ 말린 호밀식빵 1개는 믹서에 갈아 빵가루로 만들고, 달걀 1개는 풀어서 달걀물을 만들어주세요.

❸ 링 모양으로 썬 양파는 통밀가루, 달걀물, 빵가루 순서로 안쪽까지 꼼꼼하게 묻혀주세요.

❹ 전체적으로 올리브유를 살짝 뿌려서 180℃로 예열한 오븐이나 에어프라이어에 8분간 구워주세요.

이렇게 먹으면
더 맛있다!

1. 천일염 대신 카레 가루와 고춧가루를 2:1 비율로 뿌려도 색다른 맛이 납니다.

2. 하인즈 노슈거 토마토케첩이나 마맘 생토마토 케첩, 아몬드 잼, 플레인 요거트에 찍어 먹어도 좋아요.

앗, 재료가 남았네!
보너스 레시피

재료

양파 1개, 달걀 1개,
천일염 조금,
올리브유 조금,
무염 버터 엄지손톱만큼

*도구 : 머핀 틀

비주얼 굿, 맛도 굿! 양파꽃머핀

❶ 양파 1개는 머핀 틀에 들어갈 만한 크기로 준비해 링 모양으로 썰어요.

❷ 머핀 틀에 올리브유를 살짝 바르고 양파를 큰 링부터 작은 링까지 차곡차곡 넣어주세요.
Tip. 머핀 틀 하나에 양파 ½개씩 넣으면 됩니다.

❸ 달걀 1개를 풀어 천일염을 조금 넣고 달걀물을 만들어 ②에 붓고 무염 버터를 엄지손톱만큼만 올려요.

❹ 올리브유를 전체적으로 살짝 뿌리고 90℃로 예열된 오븐이나 에어프라이어에 20~30분간 구워요. **Tip.** 중간중간 확인하면서 겉은 노릇노릇, 안은 촉촉하게 구워주세요.

쌉싸름함은 날아가고 달콤함만 남다

꿀자몽

미진이의
맛있는
이야기

뷔페 레스토랑에 가면 마무리는 무조건 자몽구이였어요. 배가 터지도록 먹어도 자몽구이 배는 따로 있었죠. 그렇게 먹고 나면 왠지 나 자신이 미련하게 느껴졌지만 다음 번에 가도 또 마찬가지였어요. '배부를 때 먹어도 이렇게 맛있는데 출출할 때 먹으면 얼마나 맛있겠어?'라는 생각으로 집에서 자몽구이를 만들어 먹어봤어요. 당연히 배가 터질 것 같은 상태에서 먹는 것보다 훨씬 맛있답니다.

재료

자몽 1개

꿀 2T

❶ 자몽 1개는 반으로 자른 뒤 양쪽 꼭지 부분을 평평하게 잘라주세요.

❷ 자몽 과육만 파낸 뒤 한입에 먹기 좋게 4등분해서 다시 껍질 속에 넣어요.

❸ ②에 꿀 2T을 골고루 뿌린 후 180℃로 예열된 오븐에 15분간 구워주세요.

Tip. 중간중간 확인하면서 윗면이 노릇해질 때까지 구워야 맛있어요.

이렇게 먹으면 더 맛있다!

1. 구운 자몽을 따뜻한 물에 퐁당 담가 차로 즐겨보세요.

2. 영양 파괴에 대해 잘 알아보고 다른 과일도 같은 방법으로 꿀을 얹어 구워 먹으면 맛있어요. 복숭아를 구우면 폴리페놀 성분이 풍부해져 피부 노화 방지와 피로 해소에 도움이 됩니다. 아보카도에 천일염이나 허브 소금을 약간만 쳐서 구워 먹어도 최고예요. 구운 아보카도에 꿀 대신 칠리소스나 스리라차 소스를 뿌려서 먹어보세요.

3. 따뜻한 물이나 탄산수(0칼로리 사이다)에 넣어서 먹으면 차나 음료로 즐길 수 있어요.

껍질까지 맛있다!

단호박꿀조림

미진이의
맛있는
이야기

돼지갈비나 소갈비 식당에 가면 단호박 꿀조림이 밑반찬으로 나오는 경우가 많아요. 저는 단호박 꿀조림을 좋아해서 고기가 익기 전에 꼭 한 번은 리필해서 먹어요. 단호박의 계절이 오면 집에서도 꼭 단호박 조림을 해 먹는답니다. 단호박을 고르는 노하우를 알려드릴게요. 겉모습은 멀쩡해 보여도 벌레 먹은 경우가 있는데 같은 크기라도 무게감이 있는 것을 고르면 성공 확률이 높아요.

재료

단호박 300g

물 300㎖

저염간장 1T

꿀 3T

검은깨 1꼬집

❶ 단호박 300g을 깨끗이 씻어 씨를 파내고 한입 크기로 썰어주세요.

Tip. 껍질까지 요리해야 하니 꼼꼼히 씻어주세요.

❷ 냄비에 물 300㎖, 저염간장 1T, 꿀 3T을 넣고 김이 올라올 때까지 끓여주세요.

❸ ②에 단호박을 넣고 약불에 조린 뒤 검은깨 1꼬집을 뿌려주세요.

Tip. 국물이 없어질 때까지 완전히 조린 후 불을 끄고 뚜껑을 덮은 채로 잠시 두세요.

이렇게 먹으면 더 맛있다!

1. 생밤이나 고구마를 조려 먹어도 맛있어요.
2. 견과류를 곁들여 먹어도 좋아요.
3. 사실 단호박은 폭폭하게 쪄서 꿀에 찍어 먹어도 맛있는 거 알죠?^.^
4. 물 대신 다시육수를 부어서 조리면 맛이 더 풍부합니다.

크로플보다 맛있네?

두부와플

미진이의
맛있는
이야기

열아홉 살 때 대학로에서 먹은 와플을 잊지 못해요. 그 앞을 지나갈 때마다 와플 향이 저를 유혹하곤 했죠. 어느 날은 사과 시럽과 생크림을 듬뿍 넣은 와플을 먹고, 어느 날은 초콜릿맛과 딸기맛 아이스크림을 반씩 올린 와플을 먹었어요. 고칼로리의 와플을 먹게 되더라도 너무 후회하지 마세요. 과자나 빵 등의 탄수화물을 잔뜩 섭취하고 죄책감이 든다면 따뜻한 물에 식초나 시나몬 가루를 진하게 타서 마셔보는 건 어떨까요^^ 인슐린 호르몬 수치가 내려가 살이 덜 찐답니다. 우리는 두부를 활용해서 만드니 살찔 걱정은 NoNo!

재료

부침용 두부 ⅓모
통밀가루 1컵(종이컵)
두유 150㎖
꿀 2T
으깬 아몬드 1T
올리브유 1T
버터 엄지손톱만큼

*도구 :
와플팬

❶ 끓는 물에 부침용 두부 ⅓모를 1분간 데친 후 물기를 꽉 짜고 으깨주세요.

❷ ①에 통밀가루 1컵, 두유 150㎖, 꿀 2T, 올리브유 1T을 섞어서 반죽해요.

Tip. 너무 많이 저으면 반죽이 질겨질 수 있으니 주의하세요.

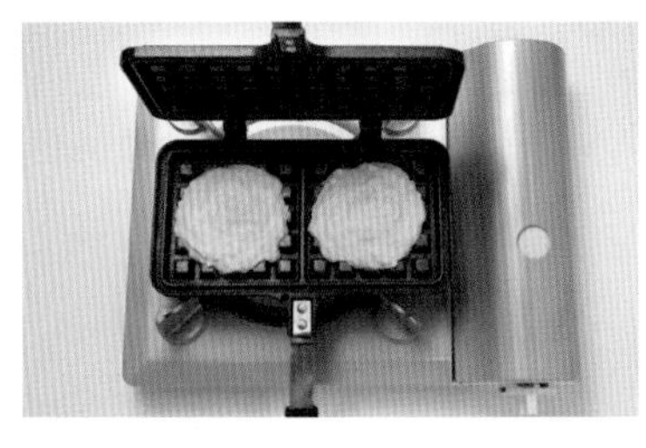

❸ 예열해둔 와플팬에 버터를 조금 바르고 반죽을 부어주세요.

❹ 두부 와플을 노릇하게 구워서 마지막에 으깬 아몬드 1T을 뿌려주세요.

이렇게 먹으면
더 맛있다!

1. 와플팬 대신 와플 실리콘 몰드에 반죽을 넣고 오븐에 구워도 됩니다.

2. 단맛이 거의 없는 건강 와플이에요. 플레인 요거트나 꿀에 찍어 먹거나 과일과 함께 먹으면 좋아요.

3. 반죽에 검은깨를 넣어도 맛있어요.

맛있는데 살이 안 쪄?

양파맛쌈두부과자

미진이의
맛있는
이야기

에어프라이어가 나온 뒤로는 쉽고 빨리 만들 수 있는 요리들이 훨씬 더 많아졌어요. 오븐보다 설거지하기도 쉬워서 요즘은 에어프라이어를 훨씬 더 많이 사용한답니다. 일단 굽는 재미가 들려서 쌈두부도 구워봤는데 완전 대성공이었어요. 물론 기름에 튀긴 두부과자가 좀 더 맛있겠죠. 하지만 직접 구운 쌈두부과자는 칼로리가 낮아 훨씬 더 건강하고 바삭바삭해서 폭발하는 식욕을 잠재우기에 좋답니다.

재료

쌈두부 ⅓통
양파 ¼개
저칼로리 마요네즈 2T
모차렐라 치즈 3T

❶ 쌈두부 ⅓통은 물기를 뺀 후 반으로 잘라주세요.

❷ 양파 ¼개를 곱게 다지고 저칼로리 마요네즈 2T을 섞어 쌈두부 위에 올리고, 그 위에 모차렐라 치즈 3T을 올려주세요.

❸ 180℃로 예열된 에어프라이어에 7분간 구워주세요.

❹ 식혀 먹으면 더 바삭해요.

이렇게 먹으면
더 맛있다!

1. 에어프라이어에 구울 때는 이왕이면 겹치지 않게 넣어주세요.
2. 대각선으로 자르면 나초 모양의 두부과자 완성^^
3. 치즈 소스, 토마토소스, 스리라차 소스를 찍어 먹어도 맛있어요.

앗, 재료가 남았네!
보너스 레시피

재료
쌈두부 1통

플레인쌈두부과자

❶ 쌈두부 1통을 물기를 제거하고 반으로 잘라요.
❷ 180℃로 예열된 에어프라이어에 7분간 돌려주세요.

재료
쌈두부 ⅓통, 페페론치노 3개

매콤한 맛 쌈두부과자

❶ 쌈두부 ⅓통을 물기를 제거하고 반으로 잘라주세요.
❷ 페페론치노 3개를 씨까지 곱게 빻아주세요.
❸ 반으로 자른 쌈두부 위에 페페론치노 가루를 솔솔 뿌려요.
❹ 180℃로 예열된 에어프라이어에 7분간 돌려주세요.
Tip. 중간중간 뒤집어가며 골고루 구워주세요.

살 안 찌는 인절미가 진짜 있네?

곤약인절미

미진이의
맛있는
이야기

원래부터 떡순이는 아니었는데 다이어트를 하면서 떡 생각이 자주 났어요. 하지만 떡은 마음껏 먹을 수 없는 음식인 거 알고 계시죠? 떡에 들어가는 쌀의 양도 만만치 않고 설탕을 비롯해 여러 가지 혈당을 올리는 위험 요소가 가득하답니다. 그래도 쫄깃한 식감을 포기하지 못해 체중 조절을 할 때는 곤약인절미를 만들어 먹곤 했어요.

재료

판곤약 200g
바나나 ½개
찹쌀가루 3T
콩가루 3T
소금 조금
알룰로스 1t

*도구 :
실리콘 아이스 트레이

❶ 판곤약 200g을 끓는 물에 데친 후 적당히 썰어서 프라이팬에 물기가 없어질 때까지 볶아 주세요.

Tip. 곤약을 데칠 때는 물에 식초 1방울을 넣어주세요.

❷ 볶은 곤약과 바나나 ½개, 찹쌀가루 3T, 소금 조금, 알룰로스 1t을 믹서에 모두 넣고 갈아서 반죽을 만들어요.

❸ 반죽을 실리콘 아이스 트레이에 넣어 냉장고에서 1시간 정도 굳힌 뒤 전자레인지에 1분씩 2번 돌려요.

Tip. 전자레인지에 1분 돌리고 뒤적인 후 1분 더 돌려주세요.

❹ 곤약인절미에 콩가루 3T을 묻혀주세요.

Tip. 볶은 콩가루를 사용해주세요.

이렇게 먹으면
더 맛있다!

1. 좀 더 예쁜 모양을 만들려면 반죽을 가래떡 모양으로 만든 뒤 랩에 싸서 냉장고에 넣어 식힌 후 썰어서 콩가루를 묻혀주세요.

2. 곤약 특유의 떫은맛을 없애기 위해 끓는 물에 데치는데, 이 방법이 귀찮다면 소금으로 곤약을 문질러 씻어주세요.

3. 라이스페이퍼를 물에 담갔다가 뭉쳐 콩가루를 묻혀 먹어도 인절미 맛이 납니다.

☆ 알고 먹으면 더 맛있다!
ㄴ 곤약은?

곤약의 주성분인 수분과 식이섬유가 장을 자극해 배변 활동을 도와 변비에 좋고 칼로리가 거의 없어서 다이어트에 좋아요. 그러나 영양가 또한 없어서 곤약인절미로 끼니를 때우는 것은 반대예요^.^ 간식으로 쫄깃함을 즐겨주세요.

당 걱정 없이 달콤하고 고소한

피칸구이

미진이의
맛있는
이야기

피칸을 처음 봤을 때는 호두랑 비슷해서 큰 호두인 줄 알았어요. 호두와 비슷하지만 더 달달해서 호두보다 피칸을 더 좋아하게 되었답니다. 피칸을 더욱 맛있는 간식으로 만들어봤어요. 달콤하지만 칼로리가 적어서 부담없이 먹을 수 있어요.

재료

피칸 2컵

알룰로스 ½컵

❶ 피칸 2컵을 끓는 물에 3분간 데친 뒤 물에 헹구고 팬이나 오븐에 수분이 날아갈 때까지 볶아주세요.

Tip. 피칸을 끓는 물에 데치는 이유는 불순물과 먼지를 제거하기 위해서예요.

❷ 냄비에 알룰로스 ½컵을 넣고 가장 약한 불에 데워요.

❸ 피칸에 뜨거운 알룰로스를 골고루 묻히고 채반에 올려 식혀주세요.

❹ 알룰로스를 묻히고 식히는 과정을 한 번 더 반복해주세요.

이렇게 먹으면 더 맛있다!

1. 호두나 아몬드 등의 견과류를 같은 방법으로 요리해 건강 간식을 만들어보세요.
2. 과일을 같은 방법으로 만들어 먹어도 Good!
3. 견과류 구이에 시나몬 가루를 뿌려 먹어도 맛있어요.

알고 먹으면 더 맛있다!

ㄴ 피칸은?

견과류 중 항산화 지수가 가장 높은 피칸은 면역력 강화에 도움이 되고, 불포화지방산과 비타민, 미네랄이 풍부해요. 유해 콜레스테롤을 낮추고, 심장 건강 증진에 도움이 되며, 체중 관리, 염증 예방, 피부 개선 등에도 효과가 있어요. 뇌신경을 안정시키는 칼슘과 신경계를 개선하는 비타민B 함량도 높아 영양적으로 우수하고 동맥경화도 예방해준답니다.

내 식대로 만드는 건강 마카롱!

바나나뚱카롱

미진이의
맛있는
이야기

마포에 살 때 집에서 100m 정도 거리에 마카롱 가게가 있었어요. 늘 오픈하자마자 줄을 서는 맛집이었어요. 얼마나 맛있는지 궁금해서 저도 줄 서서 사 먹어본 적이 있는데, 맛있는 만큼 열량도 어마어마하겠다 싶더라고요. 특히 그 집 마카롱은 일반 마카롱보다 필링을 몇 배 더 많이 넣은 '뚱카롱'이라 저는 자주 먹기에 부담스러웠죠. 그래도 꿀꿀한 기분을 달래기에 달달한 디저트만 한 게 없지 않나요? 그래서 만들게 된 바나나 뚱카롱^.^ 건강한 달콤함이 아주 만족스러운 디저트랍니다.

재료

바나나 1개
그릭요거트 1개
으깬 견과류 2T
시나몬 가루 조금

❶ 바나나 1개를 마카롱 과자(코크) 두께로 썰어 주세요. 단, 자른 조각이 짝수가 되도록 합니다.

❷ 바나나 조각 위에 그릭요거트를 필링처럼 올린 다음 그 위에 바나나 조각을 하나 더 올려 마카롱 모양으로 만들어요.

❸ 바나나로 만든 마카롱의 옆면에 시나몬 가루를 조금 바르거나 으깬 견과류 2T을 발라 여러 가지 맛을 내주세요.

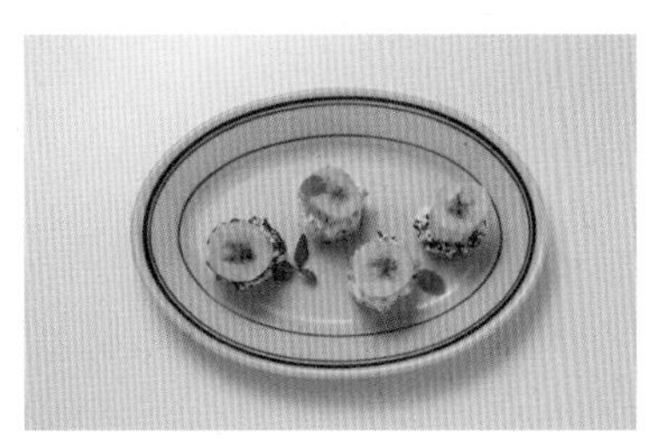

❹ 마카롱처럼 예쁜 그릇에 담아 먹으면 더 맛있어요.

☆ 요리가 쉬워지는 **꿀팁**

1. 바나나 꼭지 부분을 호일로 감싸두면 좀 더 오래 보관할 수 있어요.
2. 그릭요거트 대신 일반 요거트를 사용하려면 꿀을 섞어 꾸덕꾸덕하게 만들거나 살짝 얼리는 것이 좋아요.
3. 딸기, 블루베리, 복숭아 등 여러 가지 과일맛 요거트로 다양한 맛의 뚱카롱을 만들 수 있어요.

PART : 7

다이어트 빵

빵과 떡은 다이어트의 적이라고 하지만,
못 먹는다고 생각만 해도 더 생각나는 건 왜일까요?
밀가루 대신 두부나 고구마를 으깨 넣은 빵이나
오트밀을 곱게 갈아 반죽한 팬케이크 등 조금만 손이 가면
얼마든지 건강한 빵을 만들어 먹을 수 있어요.
근사한 한 끼로 충분하고, 손님 초대 요리로도 그만이랍니다.

건강한데 맛도 좋네!

보리새싹토스트

미진이의
맛있는
이야기

물과 기름은 절대 섞이지 않죠? 그.런.데 물에 '보리새싹 가루'를 섞으면 기름이 점점 내려가서 보이지 않을 정도로 완전히 섞이는 것을 볼 수 있어요! 내장지방 감소, 콜레스테롤 저하에 탁월한 보리새싹 가루! 저는 보리새싹 가루를 삼겹살, 곱창 등 기름진 음식을 먹을 때 꼭 찍어 먹어요. 그리고 물, 우유, 요거트에 수시로 섞어 먹고, 밥을 짓거나 샐러드 등에도 만능 재료로 사용하고 있어요! 녹차 가루와 비슷한 색감이지만, 카페인이 함유되어 있지 않아서 더욱 좋아요.

재료

호밀식빵 2장
보리새싹 가루 1T
저지방 우유 5T
달걀(흰자 2개, 노른자 1개)
꿀 1T
올리브유 조금
바나나 토핑용으로 조금

❶ 저지방 우유 5T에 보리새싹 가루 1T을 섞어 주세요.

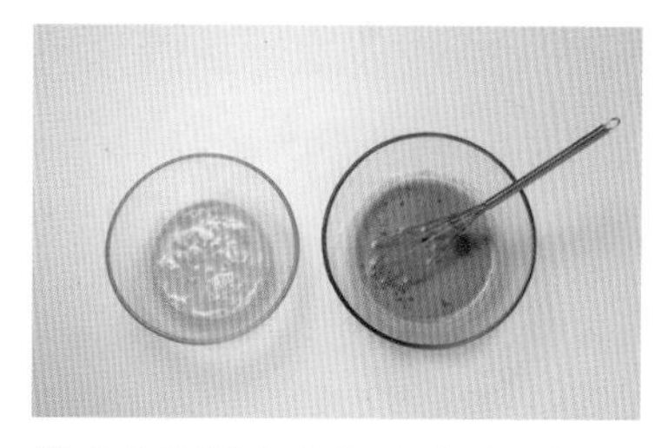

❷ ①에 달걀흰자 2개와 노른자 1개를 섞어요.

❸ 호밀식빵 2장을 ②에 퐁당 담가 스며들 정도로 푹 적셔요.

❹ 팬에 올리브유를 살짝 두르고 ③을 구워주세요.

❺ 바나나 등 과일을 곁들이고 꿀 1T을 뿌려 먹어요.

Tip. 꿀을 뿌리지 않고 담백하게 그냥 먹어도 맛있어요!

알고 먹으면 더 맛있다!

ㄴ 클렌즈 해독 다이어트의 끝판왕!

보리새싹의 효능

보리새싹에 함유된 폴리코사놀은 콜레스테롤 수치를 개선할 뿐만 아니라 당뇨병, 고지혈증과 더불어 대사증후군을 예방하는 데 효과적이에요. 풍부한 클로로필 성분은 염증을 개선하고 활성산소를 줄여주며, 가바(GABA) 성분은 면역력을 업업! 사포닌 성분은 간 해독 효과가 있어 숙취 해소에도 인기가 좋아요. 게다가 칼슘도 풍부해서 골다공증 예방 등 뼈에 좋은 음식으로도 손꼽히는 보리새싹! 단, 하루 8g 이하로 섭취하는 것이 좋아요.

어떤 자극적인 음식도 부럽지 않은

크루아상&수란

미진이의
맛있는
이야기

크루아상&수란은 아침으로 많이 먹은 요리예요. 개인적으로는 아침 식사가 하루 중 가장 중요한 끼니라고 생각해요. 자는 동안 우리 몸은 탈수 상태가 되고 혈당 수치 또한 떨어져 있으니까요. 에너지 넘치는 하루를 시작하기 위해 아침 식사는 꼭 챙겨 드세요! 또 아침을 거르는 사람이 온종일 고열량의 간식을 더 먹는 경향이 있다고 해요. 간단하게라도 탄수화물과 단백질, 지방을 꼭 섭취하세요. 요요 없는 다이어트 비법 중 하나가 바로 '아침 챙겨 먹기'라는 것도 잊지 마시고요!

재료

작은 크루아상 1개
달걀 1개

❶ 물이 끓기 시작하면 불을 끄고 젓가락으로 물을 한 방향으로 빠르게 돌려 회오리를 만들어서 중간 지점에 달걀 1개를 살살 깨뜨려 넣고 3분 정도 익히다 흰자가 불투명해지면 국자로 건져내세요.

Tip. 큰 냄비에 물을 넉넉히 붓고 끓이는 것이 좋아요.

❷ 크루아상 1개를 전자레인지에 15초 정도 데워 수란을 곁들여 먹어요.

Tip. 크루아상의 바삭한 겉면에 수란의 노른자를 톡 터트리면 촉촉한 소스 역할을 해서 맛있어요.

이렇게 먹으면 더 맛있다!

1. 크루아상에 슬라이스 치즈를 얹어 먹으면 저세상 맛!
2. 크루아상을 와플팬에 구워 크로플을 만들어 먹으면 또 다른 매력이 있어요!

요리가 쉬워지는 꿀팁
ㄴ 전자레인지로 수란 만드는 방법

솔직히 초보자가 수란을 만들기는 쉽지 않아요. 물을 회오리로 만드는 동시에 달걀을 깨뜨려 넣어야 하거든요. 게다가 적당한 타이밍에 달걀이 물에 풀어지지 않게 건져야 한다니… 하지만 걱정 마세요. 전자레인지가 있잖아요!

❶ 밥그릇 같은 오목한 그릇에 물 1컵을 붓고 달걀 1개를 살짝 깨뜨려 넣어요.
❷ 전자레인지에 30초 돌려요.
❸ 달걀의 상태를 확인하면서 20초씩 짧게 돌려가며 익혀주세요.

Tip. 오래 돌리면 전자레인지 안에서 달걀이 터지니 꼭 조금씩 익혀주세요!

달콤한데 건강에도 좋아!

사과파이

미진이의
맛있는
이야기

외국 동화책에는 엄마나 할머니가 파이를 구워주는 장면이 자주 등장해요. 동화 속에서 파이를 구울 때면 집 안은 더욱 아늑해지고 달콤한 향기마저 느껴지더라고요. 제게는 사과파이를 구워주는 엄마나 할머니 대신, 과수원을 하는 할머니, 할아버지가 계셨어요. 사과 따는 걸 구경하고 있으면 할머니가 예쁜 사과를 숟가락으로 벅벅 긁어서 먹여주시곤 하셨죠. 엄마는 등굣길에 먹고 가라고 사과를 깎아서 주시곤 하셨는데, 사과는 동화 속 사과파이처럼 따뜻한 사랑이 달콤하게 느껴지는 과일이랍니다.

재료

사과 ½개
토르티야 1장
올리고당 1t
시나몬 가루 ½t

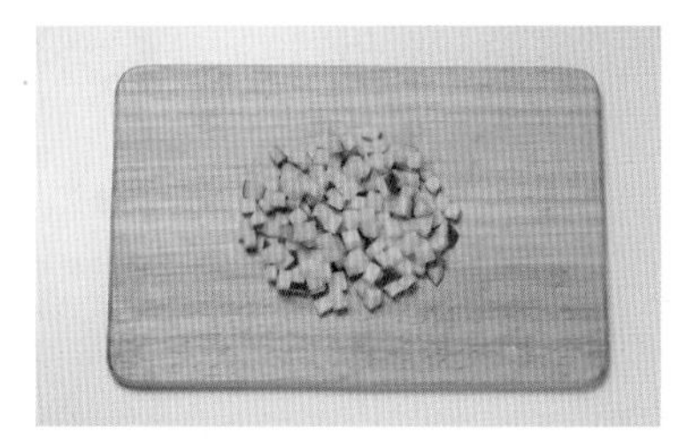

❶ 사과 ½개를 깨끗이 씻어 껍질째 잘게 썰어요.

❷ 팬에 잘게 썬 사과와 올리고당 1t을 볶다가 시나몬 가루 ½t을 뿌려서 익혀주세요.

Tip. 호두 1개를 부숴 넣어도 맛있어요.

❸ 토르티야 1장을 펼쳐서 ②를 올리고 가장자리에 달걀흰자를 묻혀 반으로 접어요.

❹ 토르티야 윗면에 작은 구멍을 몇 개 내고 180℃로 예열된 오븐에 10분간 구워주세요.

Tip. 오븐 대신 에어프라이어에 구워도 좋아요.

요리가 쉬워지는 **꿀팁**

❶ 파이 모양은 자유롭게!

토르티야를 반원 모양으로 접을 수도 있지만, 빵집에서 파는 파이처럼 여러 가지 모양으로 만들 수도 있어요.

❷ 토르티야가 없다면?

식빵을 얇게 밀어서 토르티야처럼 사용해도 됩니다. 다이어트와 건강에는 호밀식빵이 좋겠죠?

알고 먹으면 더 맛있다!

ㄴ 다이어터라면
아침에 사과 반 개!

사과에는 비타민C가 많이 들어 있어 피부 저항력을 높여주고 알칼리성으로 우리 몸의 산도를 낮춰주어 피로 회복에 도움이 됩니다. 또한 펙틴이라는 수용성 섬유질이 풍부해서 변비 해소에도 좋고, 좋은 콜레스테롤은 올려주고 나쁜 콜레스테롤은 내려주는 작용을 하지요. 또한 식욕을 억제하는 효능도 있어 다이어터들은 꼭 가까이해야 하는 과일! 아침 식사하기 전 사과 반 개를 드시는 걸 추천해요.

고소한 맛이 일품

오트밀팬케이크

미진이의
맛있는
이야기

오트밀은 이름부터 뭔가 따뜻한 느낌이 있는 것 같아요. 먹다 보면, 씹다 보면 점점 더 맛있어지는 오트밀! 그 매력에 빠진 지 오래지만 최근 여신 한예슬 님이 유튜브에서 간단한 식사로 오트밀을 추천하는 걸 보고 더 좋아졌답니다. 다이어트 중에는 엄두를 못 내는 팬케이크, 밀가루 대신 오트밀을 사용하면 영양소도 풍부하고 포만감도 좋아서 살 빼는 데 정말 강추랍니다.

재료

오트밀 1컵
달걀 1개
우유 100㎖
올리고당 2t
으깬 견과류 2T
꿀 조금
올리브유 조금

❶ 오트밀 1컵을 믹서에 곱게 갈아요.

❷ 달걀 1개를 풀어서 달걀물을 만들고 믹서에 간 오트밀, 우유 100㎖, 올리고당 2t, 으깬 견과류 2T과 함께 잘 섞어주세요.

Tip. 농도에 따라 우유 양을 조절해주세요.

❸ 팬에 올리브유를 살짝 두르고 오트밀 반죽을 약불에 3~4개로 나눠 노릇하게 앞뒷면을 구워주세요.

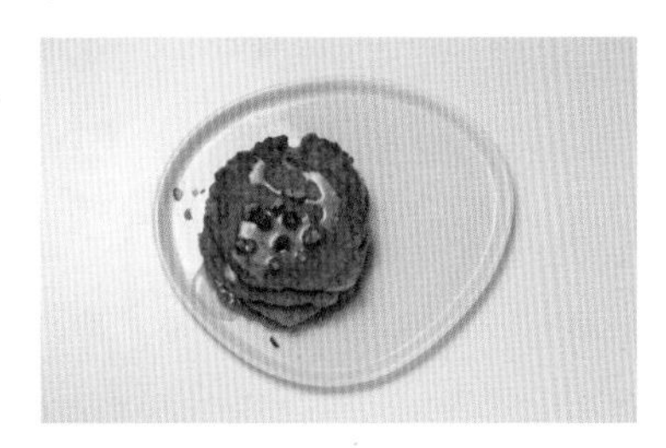

❹ 그릇에 담아 꿀과 견과류를 뿌려서 먹어요.

이렇게 먹으면 더 맛있다!

1. 건강한 단맛을 원한다면 과일을 곁들이면 좋아요. 바나나를 팬에 구워 함께 먹으면 JMT

2. 우유 대신 두유를 넣어도 됩니다.

3. 살은 좀 찌겠지만 땅콩버터 1T을 넣어 함께 반죽하면 더더 맛있어요.

앗, 재료가 남았네! 보너스 레시피

재료

오트밀 2T, 우유 100㎖, 꿀 조금, 뜨거운 물 200㎖

배고파 잠이 안 온다면 오트밀꿀우유

❶ 뜨거운 물 200㎖에 오트밀 2T을 넣고 조금 불려주세요.

❷ 우유 100㎖에 불린 오트밀을 넣고 믹서에 간 뒤 꿀을 타서 마셔요.

Tip. 속이 크게 불편하지 않고 포만감이 드는 건강한 야식이에요.

알고 먹으면 더 맛있다!

└ 다이어터라면 **오트밀을!**

오트밀은 수용성 식이섬유가 풍부해 장 활동을 활발하게 해줍니다. 오트밀에 풍부한 베타글루칸은 포도당이 혈액으로 흡수되는 것을 지연시켜 당 조절에 탁월하며, 철분과 칼슘 함량이 높아 빈혈 예방에 도움이 됩니다.

겉바속촉의 진리!

두부크로켓

미진이의
맛있는
이야기

두부를 으깨고, 식빵으로 빵가루를 만들고, 예쁘게 모양을 만들어 오븐에 굽는다는 것이 사실 쉬운 일이 아니에요. 15분 정도만 투자하면 완성이라고 해도 시간과 정성이 필요한 건 사실이죠. 혈당을 높이지 않아 다이어트와 건강에 좋은 통밀가루와 호밀식빵을 사용해서 만든 크로켓은 튀기진 않았어도 맛은 뒤지지 않으면서도 우리 몸에 주는 부담은 압도적으로 적어요. 그래도 한번 만들어 먹기 시작하면 내 몸이 바뀌는 걸 느끼게 되고 요리에 재미가 생길 거예요. 분명!

재료

두부 1모
통밀가루 1T
호밀식빵 1개
달걀 1개
소금 조금
후춧가루 조금
올리브유 조금

❶ 두부 1모를 으깨 물기를 꽉 짜낸 후 통밀가루 1T, 소금과 후춧가루를 조금씩 넣고 섞어요.

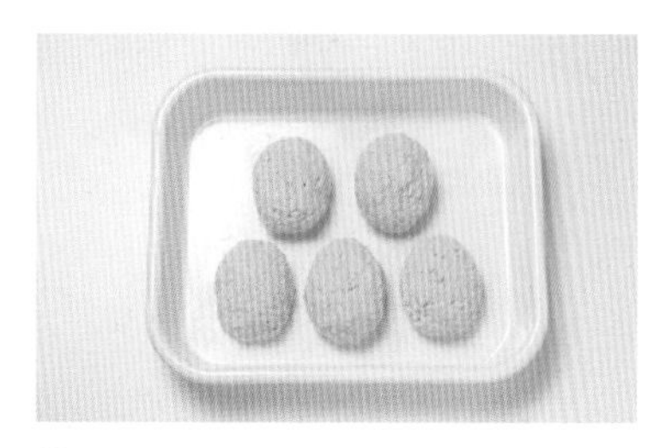

❷ 두부 반죽을 원하는 모양으로 빚어주세요.

❸ 호밀식빵 1개를 바싹 구워서 믹서에 갈아 빵가루를 만들어요.

Tip. 빵가루 입자가 살아 있어야 더 바삭한 요리를 만들 수 있어요.

❹ ②에 달걀물과 빵가루를 순서대로 묻혀주세요.

❺ ④에 오일스프레이를 뿌리고 180℃로 예열한 오븐이나 에어프라이어에 10~15분간 구워주세요.

Tip. 오일스프레이로 최소한의 오일을 뿌리므로 오븐이나 에어프라이어에 구울 때는 종이호일을 까는 것이 좋아요.

이렇게 먹으면 더 맛있다!

1. 치즈를 더해 치즈두부크로켓을 만들어도 맛있어요.
2. 채소를 더해도 맛있어요.
3. 두부를 으깨지 않고 먹기 좋은 크기로 썰어 본연의 모양을 살려도 좋아요.
4. 두부 대신 단호박이나 감자, 고구마로 만들어 먹어도 훌륭한 맛의 크로켓이 탄생해요!

모양도 예쁘고 맛도 훌륭!

쌈두부머핀

미진이의
맛있는
이야기

처음 다이어트를 시작할 때만 해도 두부는 모두부, 순두부, 연두부가 전부였는데, 요즘은 면두부, 쌈두부 등 정말 다양하게 출시돼 있더군요. 두부 종류가 다양해진 만큼 다양한 레시피로 다양한 두부 요리를 만들어 먹을 수 있어서 참 좋아요. 여러분도 다양한 종류의 두부로 나만의 건강 요리를 만들어보세요.

재료

[머핀 2개 기준]
쌈두부 8장
달걀 2개
잘게 썬 닭가슴살햄 4T
채 썬 양배추 조금
소금 조금
통후추 간 것 조금
올리브유 조금

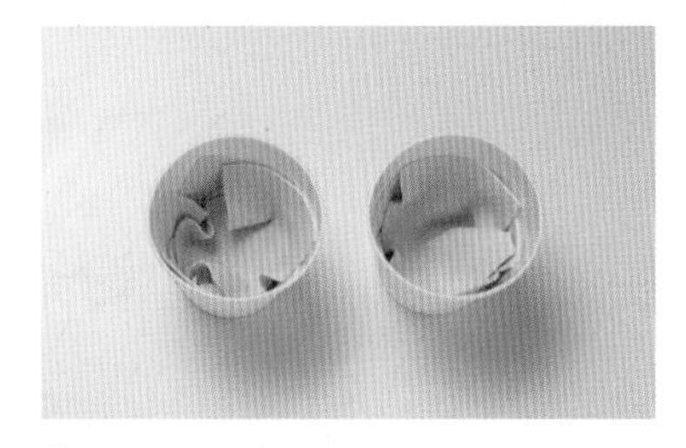

❶ 종이컵 안쪽에 올리브유를 골고루 바르고, 물기를 뺀 쌈두부 4장을 잘 겹쳐 넣어 틀을 만들어요.

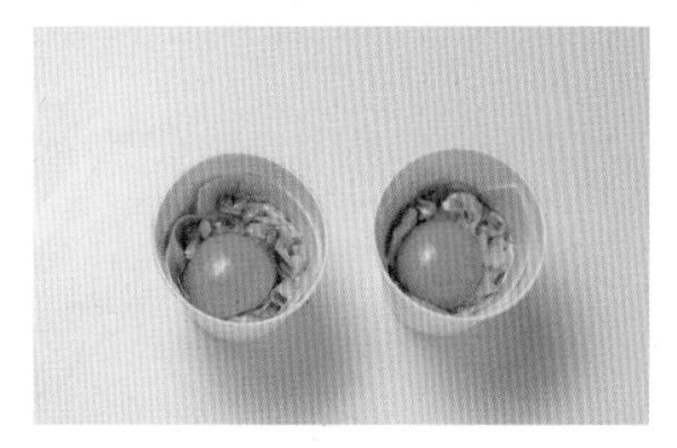

❷ 쌈두부 안쪽에 잘게 썬 닭가슴살햄 2T과 채 썬 양배추를 조금 넣은 후 달걀 1개를 깨뜨려 넣어주세요.

Tip. 이쑤시개로 달걀노른자를 여러 번 찔러 터트려 주세요.

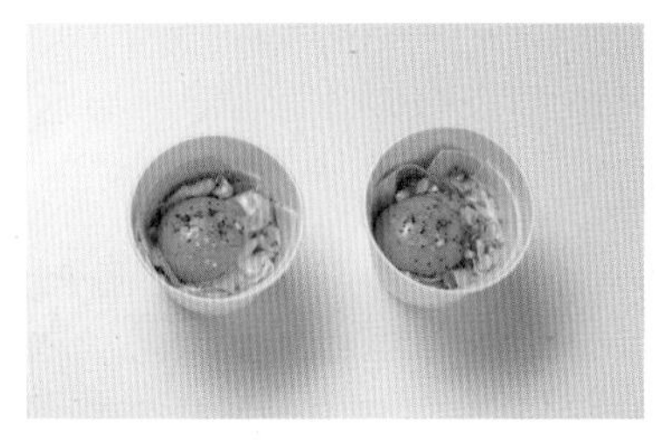

❸ 소금과 통후추를 갈아서 간을 해요.

❹ 180℃로 예열한 에어프라이어에 10분간 구워주세요.

Tip. 에어프라이어 대신 전자레인지에 구워도 됩니다. 중간중간 잘 익었는지 확인해주세요^^

이렇게 먹으면 더 맛있다!

1. 저칼로리 소스를 이용해보세요. 하인즈 노슈거 토마토케첩(또는 마맘 생토마토 케첩)이나 스리라차 소스를 뿌려 먹어도 좋아요.

2. 조리 시간에 따라 식감이 달라져요. 두부 겉면을 좀 더 바싹, 달걀노른자는 완숙을 원하면 조리 시간을 늘려주세요.

앗, 재료가 남았네! 보너스 레시피

재료

쌈두부 4장,
냉장고 속 채소(마음대로),
시판용 토마토소스 2T,
피자 치즈 3T

피자 그대로의 식감! 쌈두부피자

❶ 냉장고 속 채소를 피자 토핑처럼 적당히 썰어서 토마토소스 2T을 넣고 살짝 볶아주세요.

Tip 시판용 소스가 싫다면 익은 토마토를 갈아 천일염과 후춧가루로 살짝 간을 해서 사용해도 됩니다.

❷ 물기를 뺀 쌈두부 4장을 깔고 ①을 올린 후 피자 치즈 3T을 뿌려 전자레인지에 치즈가 완전히 녹을 때까지 구워주세요.

Tip ①번 과정을 생략하고 쌈두부 위에 잘게 썬 채소를 생으로 올린 후 180℃로 예열한 에어프라이어에 4분간 굽거나, 좀 더 바삭하게 먹고 싶다면 1분 30초 정도 더 구워주세요^^

어쩜 이리 달콤하지?!

바나나팬케이크

미진이의
맛있는
이야기

드라마만 봐도 임산부가 어떤 음식이 먹고 싶다고 말하면 신랑은 밤이고 새벽이고 찾으러 다니던데, 배 속 아기가 순해서인지 임신 기간 내내 특별히 먹고 싶은 음식이 없었어요. 그러던 어느 날 처음으로 딱 먹고 싶었던 팬케이크! 브런치 카페에 가서 메이플 시럽을 듬뿍 올려서 먹고 예쁘게 사진도 찍어서 SNS에 올리고 싶었지만, 현실은 코로나 19ㅠ ㅠ. 그러다 냉장고를 열어보니 점박이 바나나가 보였고 바나나 팬케이크가 생각났어요. 꿀 듬뿍~~~ 올려 먹는 걸로는 부족해서 아주 푹푹 찍어 먹다 못해 적셔 먹었죠.

재료

바나나 1개
달걀 1개
오트밀 ⅔컵
호두 1개
꿀 1T
으깬 견과류 조금
올리브유 조금

❶ 바나나 1개를 으깬 뒤 달걀 1개를 넣고 섞어주세요.

Tip. 너무 익었다 싶을 정도로 잘 익은 달콤한 바나나를 사용해주세요.

❷ 오트밀 ⅔컵을 믹서에 갈아서 ②에 넣고, 호두 1개를 적당히 으깨서 잘 섞어주세요.

❸ 팬에 올리브유를 살짝 두르고 반죽을 약불에 잘 구워주세요.

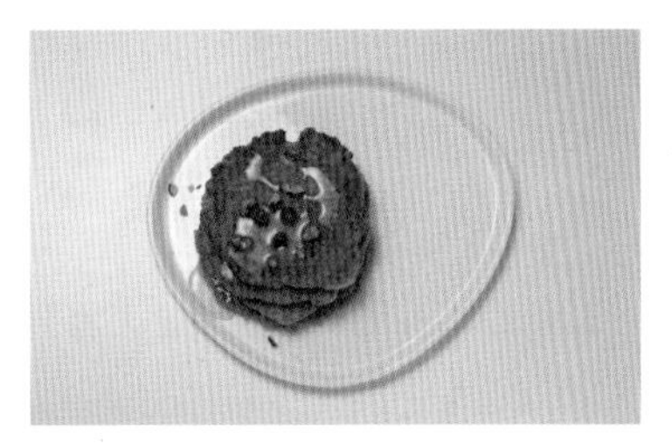

❹ 팬케이크를 접시에 담고 꿀 1T과 으깬 견과류를 뿌려서 먹어요.

이렇게 먹으면
더 맛있다!

1. 바나나를 반으로 잘라 팬에 버터를 살짝 녹여 노릇하게 구워서 곁들여도 진짜 맛있어요. 바나나가 구워지면서 부드러워지니 뒤집을 때 조심하세요~
2. 팬케이크에 딸기를 곁들여 먹어도 맛있어요.
3. 꿀 대신 메이플 시럽을 뿌려도 맛있어요.
4. 시나몬 가루도 솔솔~ 뿌리면 최고!
5. 푹 익은 점박이 바나나로 만들어야 더 맛있더라고요.

채소가 들어가 씹히는 맛이 있는

고구마빵 ver.1

미진이의
맛있는
이야기

정말 예~~~~전에 KBS 예능 프로그램 〈해피투게더〉 '야간매점'에서 홍인규 선배가 출연해 눈물 젖은 빵이라며 소개한 메뉴가 있었어요. 출연한 모든 사람들이 맛있다며 극찬하기에 그 맛이 너무 궁금해서 인규 선배의 레시피를 보고 응용한 메뉴예요. 선배가 사용했던 핫케이크 가루 대신 최소한의 통밀가루에 고구마와 채소를 넣어 만든 버전 1과 처음 오븐을 사고 만들어본 버전 2, 두 가지 모두 매력적인 맛이에요.

재료

[머핀 2개 기준]
고구마 ½개(주먹 크기)
양파 ⅛개
당근 1/16개
달걀 3개
통밀가루 1T
우유 15㎖
천일염 조금
파슬리 가루 조금

＊도구 :
머핀 틀
머핀 유산지

❶ 고구마 ½개, 양파 ⅛개, 당근 1/16개를 잘게 다져주세요.

❷ 볼에 달걀 1개, 통밀가루 1T, 우유 15㎖, 천일염을 조금 섞어서 반죽해요.

❸ 반죽에 다진 고구마, 양파, 당근을 넣고 골고루 섞어주세요.

❹ 머핀 틀에 머핀 유산지를 넣고 반죽을 절반 정도 부은 뒤 달걀 1개를 깨뜨려 올리고, 파슬리 가루와 천일염을 조금씩 뿌려요.

❺ 머핀을 180℃로 예열한 오븐이나 에어프라이어에 20분간 구워요.

☆ 요리가 쉬워지는 **꿀팁**

❶ 전자레인지에는 종이컵?!

오븐이나 에어프라이어 대신 전자레인지를 이용해도 좋아요. 전자레인지에 구울 때는 종이 머핀 틀을 사용해주세요. 종이 머핀 틀이 없다면 종이컵을 사용해도 좋아요! 종이컵은 오븐이나 에어프라이어에 구울 때도 머핀 틀 대신 사용할 수 있답니다.

❷ 달걀노른자는 이쑤시개로 콕콕

이쑤시개로 달걀노른자를 찔러야 익으면서 터지지 않아요.

너무 간단해 깜짝 놀라는

고구마빵 ver.2

재료

고구마 1개

달걀 1개

우유 조금(생략 가능)

*우유를 넣는다면 고구마를 으깨 섞었을 때 농도에 따라 양을 조절해주세요

❶ 고구마 1개를 삶아 껍질을 벗기고 우유를 조금 부어서 으깬 후, 달걀노른자 1개를 넣고 잘 섞어주세요.

Tip. 조금 더 단맛을 원하면 올리고당을 살짝 넣어주세요.

❷ 달걀흰자 1개를 휘핑해 단단한 머랭을 만들어요.

❸ ①에 ②를 넣고 거품이 꺼지지 않을 정도로 떠 올리듯 가볍게 섞어주세요.

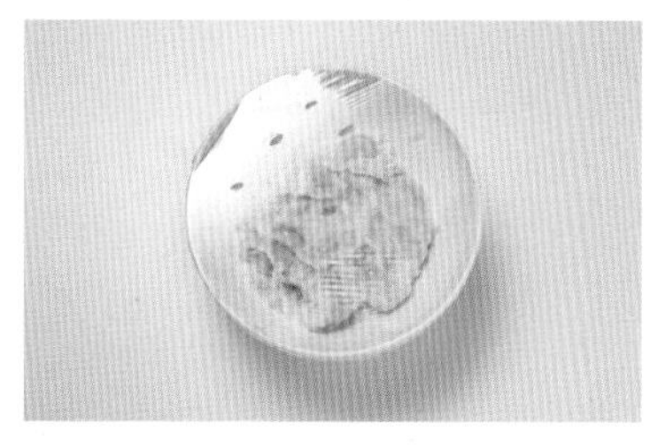

❹ 전자레인지 용기에 반죽을 담고 랩을 씌운 후 구멍을 뽕뽕 뚫어서 전자레인지에 6분간 익혀요.

Tip. 고구마 상태와 전자레인지에 따라 차이가 있으니 시간 조절을 해주세요.

❺ 반죽이 빵처럼 익으면 손으로 떼어서 맛있게 먹어요.

☆ 요리가 쉬워지는 꿀팁

❶ 식감 좋은 고구마빵

조리 시 마지막 1분은 랩을 벗기고 전자레인지에 돌리면 수분이 날아가 조금 더 보송한 고구마빵을 먹을 수 있어요.

❷ 우유는 선택이에요~

우유는 촉촉한 반죽을 위해 넣는데, 부드러운 호박고구마를 사용한다면 우유를 생략해도 됩니다.

❸ 머랭기를 이용하세요.

머랭 치기 힘드시죠? 요즘은 머랭기로 쉽게 만들 수 있답니다.

우리 집을 카페처럼

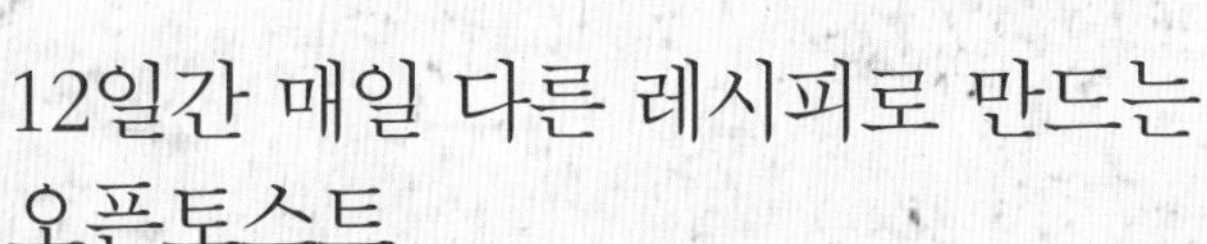

12일간 매일 다른 레시피로 만드는 오픈토스트

코로나19 팬데믹 이후 카페에 앉아 브런치를 주문하고
어떤 음료를 마실까 고민하던 일상은 사치가 됐어요.
워낙 돌아다니며 활동하는 것을 좋아했던지라
한동안 우울감을 떨치지 못했죠.
그러다 집에서 오픈토스트를 만들기 시작했어요.
아침으로 예쁜 오픈토스트를 먹는 날은 기분 좋은 하루가
시작되는 것 같았어요. 손님에게 내놓아도 반응이 최고였죠.
간단히 뚝딱 만들어서 내면 예쁜 비주얼에 사진 찍기 바쁘더군요.
이렇게 오픈토스트를 만들어 먹는 재미에 푹 빠지게 되면서
이런 조합 저런 조합의 오픈토스트를 만들기 시작했어요.
사실 오픈토스트의 장점은 냉장고에 있는 재료들을
그때그때 활용할 수 있다는 것입니다.
여러분도 나만의 레시피로 예쁜 오픈토스트를 만들어보세요.
그리고 팁 하나! 오픈토스트를 케이크처럼 활용할 수 있어요.
예쁘게 만든 오픈토스트에 초를 꽂아 특별한 날을 기념해보세요.

Special

아보카도달걀 오픈토스트

재료

곡물식빵 1장
아보카도 ½개
달걀 1개
그릭요거트 1T
소금 1꼬집
후춧가루 조금

❶ 곡물식빵 1장을 앞뒤로 노릇하게 구워요.

❷ 구운 식빵 한 면에 그릭요거트 1T을 펴 발라주세요.

❸ 아보카도 ½개는 적당한 크기로 썰고, 달걀 1개는 풀어서 소금과 후춧가루로 간을 해주세요.

❹ 내열용기에 아보카도와 달걀물을 넣고 섞어서 전자레인지에 3분간 돌려주세요.

❺ 구운 곡물식빵 위에 ④를 올려주세요.

Tip. 곡물식빵을 한입 크기로 자르고 그 위에 ④를 얹어 핑거푸드로 즐겨도 좋아요.

+ *bonus recipe*

낫토·아보카도오픈토스트

재료

곡물식빵 1장, 낫토 50g(1팩), 아보카도 ½개

❶ 곡물식빵 1장을 한 면만 노릇하게 구워주세요.
❷ 낫토 50g에 동봉된 소스를 잘 섞고, 아보카도 ½개는 채를 썰거나 으깨주세요.
❸ 식빵의 구운 면에 낫토와 아보카도를 올리고 팬에 올려 뚜껑을 덮고 노릇노릇 구워주세요.

Tip. 아보카도와 낫토의 조합은 밥에 곁들여도 맛있어요. 밥과 함께 먹을 때는 간장 1T, 물 1T, 식초 1T, 알룰로스 0.3t, 연겨자 조금, 참기름을 섞어서 소스를 만들고 덮밥으로 먹어요.

에그마요오픈토스트

재료

곡물식빵 1장, 달걀 1개, 오이 ⅙개, 파프리카 ⅙개, 하프마요네즈 1T, 꿀 ½t, 소금 1꼬집, 후춧가루 조금

❶ 곡물식빵 1장은 앞뒤로 굽고, 달걀 1개는 삶아주세요.
❷ 오이 ⅙개는 가운데 씨를 제거한 후 다지고, 파프리카 ⅙개도 잘게 다져주세요.
❸ 삶은 달걀을 으깬 후 다진 오이와 파프리카, 하프마요네즈 1T, 꿀 ½t, 소금 1꼬집, 후춧가루 조금 넣고 섞어서 빵에 바르거나 올려서 먹어요.

Special

방울토마토·생모차렐라치즈 오픈토스트

재료

곡물식빵 1장
방울토마토 4개
생모차렐라 치즈
(방울토마토만큼)
그릭요거트 2T

❶ 곡물식빵 1장은 앞뒷면을 노릇하게 구워요.

❷ 방울토마토 4개는 꼭지를 제거한 후 절반으로 자르고, 생모차렐라 치즈는 물기를 제거한 후 먹기 좋게 찢어주세요.

Tip. 생모차렐라 치즈는 방울토마토처럼 생긴 모차렐라펄을 이용하면 예뻐요.

❸ 구운 식빵 위에 그릭요거트 2T을 펴 바르고 생모차렐라 치즈와 방울토마토를 올려주세요.

Tip. 방울토마토 대신 방울토마토 마리네이드를 만들어서 올려도 맛있어요. 이때는 그릭요거트를 생략해도 됩니다.

+ bonus recipe

방울토마토 마리네이드

재료

방울토마토 20개, 양파 ¼개, 바질 2장

*소스 : 발사믹 식초 4T, 올리브유 3T, 레몬즙 0.5T, 꿀 0.5T, 소금 조금, 후춧가루 조금

❶ 방울토마토 20개는 꼭지를 제거하고 머리 부분에 열십자로 칼집을 내주세요.
❷ 끓는 물에 손질한 방울토마토를 살짝 데친 후 얼음물에 담갔다가 꺼내서 껍질을 손으로 살짝 밀어서 벗겨주세요.
❸ 양파 ¼개를 잘게 다진 후 발사믹 식초 4T, 올리브유 3T, 레몬즙 0.5T, 꿀 0.5T, 소금, 후춧가루와 함께 섞어 소스를 만들어주세요.
❹ 병에 데친 방울토마토, 소스, 바질 2장을 넣고 하루 동안 숙성해서 먹어요.

사과땅콩버터오픈토스트

재료

곡물식빵 1장, 사과 ¼개, 땅콩버터 1T

❶ 곡물식빵 1장은 앞뒤로 굽고, 사과 ¼개는 얇게 썰어주세요.
❷ 식빵 한 면에 땅콩버터 1T을 바르고 그 위에 사과를 올려요.

Tip.1 시나몬 가루와 견과류를 올리면 맛이 한층 업그레이드!

Tip.2 빵에 땅콩버터를 발라 먹으면 살이 많이 찔 거라고 생각하는 분들이 많은데요, 땅콩버터는 불포화지방산과 단백질 함량이 높고 포만감이 오래가서 다이어트를 할 때 적당량을 먹으면 이로운 음식이랍니다^^

피자맛오픈토스트

재료

곡물식빵 1장,
토마토 ½개, 양파 ⅛개,
하인즈 노슈거 토마토케첩 1T,
피자 치즈 1T

❶ 토마토 ½개, 양파 ⅛개를 얇게 썰어주세요.

❷ 곡물식빵 한 면을 구워서 뒤집은 후 굽지 않은 쪽에 하인즈 노슈거 토마토케첩을 펴 바르고 얇게 썬 토마토와 양파를 올린 다음 피자 치즈 1T을 뿌려 치즈가 녹을 때까지 뚜껑을 덮고 약불로 구워요.

이렇게 먹으면
더 맛있다!

1. 토마토케첩 대신 시판용 토마토소스 1T로 대체해도 좋아요.
2. 블랙 올리브를 올리면 한층 더 피자 느낌이 납니다.
3. 사워크림에 살짝 찍어 먹어도 맛있어요.

단호박스프레드오픈토스트

재료

곡물식빵 1장, 단호박 ½개,
꿀 2T, 저지방 우유 200㎖,
파마산 치즈 가루 1T

❶ 단호박 ½개를 쪄서 으깨주세요.

❷ 으깬 단호박에 꿀 2T, 저지방 우유 200㎖, 파마산 치즈 가루 1T을 잘 섞은 후 식혀주세요.

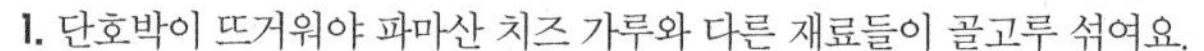

Tip. 단호박의 크기에 따라 우유로 농도 조절을 해주세요.

❸ 곡물식빵 1장을 앞뒤로 구워서 단호박 스프레드에 찍어 먹어요.

이렇게 먹으면
더 맛있다!

1. 단호박이 뜨거워야 파마산 치즈 가루와 다른 재료들이 골고루 섞여요.
2. 저지방 우유 대신 무가당 두유를 넣어도 됩니다.
3. 좀 더 부드러운 스프레드를 원한다면 믹서에 갈아주세요.
4. 크래커나 채소 스틱, 스테이크 등에 곁들여 먹어도 훌륭해요.

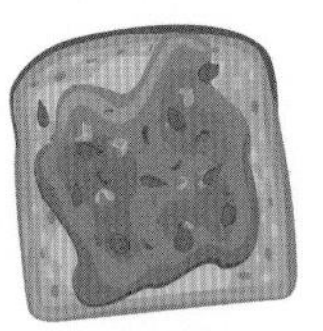

달걀치즈오픈토스트

재료

곡물식빵 1장, 달걀 1개,
모차렐라 치즈 1T,
파마산 치즈 가루 1T,
소금 조금, 후춧가루 조금

❶ 곡물식빵 1장은 가장자리 1㎝ 정도만 남기고 숟가락으로 꾹꾹 눌러주세요.

❷ 꾹꾹 누른 곳에 달걀 1개를 깨뜨려 넣고 소금, 후춧가루를 조금 뿌린 후 달걀흰자 부분과 식빵 부분에 모차렐라 치즈 1T, 파마산 치즈 가루 1T을 뿌려요.

❸ 180℃로 예열한 오븐에 13분간 구워주세요.

Tip. 오븐이 없다면 팬에 뚜껑을 덮고 구워주세요.

이렇게 먹으면
더 맛있다!

1. 조금 더 분위기를 내고 싶을 땐 파슬리 가루를 솔솔 뿌려주면 예뻐요.
2. 닭가슴살햄이나 채소 등을 넣어도 좋아요.

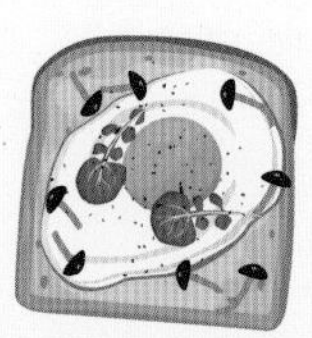

바나나크림치즈시나몬오픈토스트

재료

곡물식빵 1장, 바나나 1개,
크림치즈 ½T, 시나몬 가루 ½t

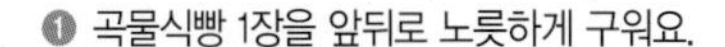

❶ 곡물식빵 1장을 앞뒤로 노릇하게 구워요.

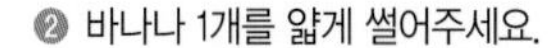

❷ 바나나 1개를 얇게 썰어주세요.

❸ 구운 식빵 위에 크림치즈 ½T을 펴 바르고 얇게 썬 바나나를 올린 후 시나몬 가루 ½t을 뿌려요.

Tip. 크림치즈 대신 땅콩버터 1/2T을 발라도 진짜 맛있어요.

오이슬라이스닭가슴살햄오픈토스트

재료

곡물식빵 1장, 오이 ½개,
닭가슴살 슬라이스햄 50g,
하프마요네즈 1T

❶ 곡물식빵 1장을 앞뒤로 노릇하게 구워요.

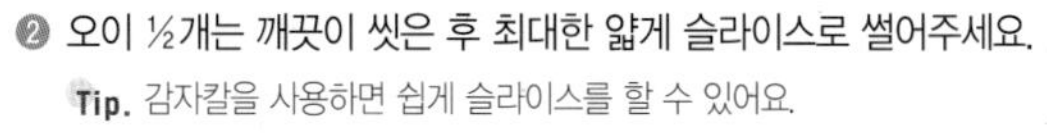

❷ 오이 ½개는 깨끗이 씻은 후 최대한 얇게 슬라이스로 썰어주세요.

Tip. 감자칼을 사용하면 쉽게 슬라이스를 할 수 있어요.

❸ 구운 식빵 위에 하프마요네즈 1T을 펴 바른 후 닭가슴살 슬라이스햄 50g, 슬라이스 오이를 올려요.

Tip. 닭가슴살 슬라이스햄 대신 참치 ½캔을 사용해도 좋아요.

팥앙금고구마오픈토스트

재료

곡물식빵 1장, 고구마 ½개,
팥앙금 6t

❶ 곡물식빵 1장을 앞뒤로 노릇하게 구워요.

❷ 고구마 ½개를 삶아서 으깨주세요.

❸ 구운 식빵 위에 팥앙금 6t과 으깬 고구마를 숟가락으로 보기 좋게 떠서 올려요.

이렇게 먹으면
더 맛있다!

1. 고구마 대신 단호박을 으깨서 올려도 좋아요.

2 팥앙금 대신 크림치즈를 곁들여 먹어도 맛있어요.

☆ 요리가 쉬워지는 꿀팁

팥앙금 만드는 법

재료

팥 200g, 소금 조금,
알룰로스 40g, 물 충분히

❶ 하루 전에 팥 200g을 물에 담가 불려주세요. **Tip.** 물과 팥의 비율은 1:1

❷ 불린 팥을 건져서 냄비에 팥이 잠길 정도로 물을 붓고 10분간 보글보글 끓여주세요.

❸ 끓인 물은 버리고 팥을 물에 깨끗이 헹군 뒤 물기를 빼줍니다.

❹ 다시 팥에 물을 팥의 3배 정도 넣고 끓여주세요.

Tip. 센 불에 5분 정도 끓이다가 중불로 낮춰 10분 더 끓여주세요.

❺ 알룰로스 20g을 넣고 팥을 뭉개면서 섞다가 알룰로스 20g을 더 넣고 다시 뭉개면서 잘 섞어 주세요.

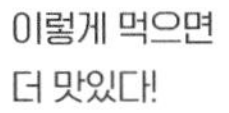

이렇게 먹으면
더 맛있다!

1. 얼린 우유나 두유를 갈아 토핑으로 올려 팥빙수를 만들어 먹어도 좋아요.

2. 우유나 두유에 팥앙금을 넣고 갈아서 먹어도 맛있어요.

다이어트에 성공한 셀럽들의

secret recipe

재료

닭가슴살 1덩이, 바나나 1개, 아몬드 1줌, 블루베리 1줌, 꿀 1T, 물 적당량

＊하림 오리지널 닭가슴살은 간이 조금 되어 있고, 삶거나 데우지 않고 바로 먹을 수 있어서 좋아요.

2분 컷 닭주스

❶ 닭가슴살 1덩이를 잘게 썰어요.

❷ 믹서에 썬 닭가슴살, 바나나 1개, 아몬드 1줌, 블루베리 1줌, 꿀 1T을 넣어요.

❸ 재료들이 살짝 잠길 정도로 물을 채우고 갈아 마셔요.

개그맨 장기영

미진's comment

저도 장기영 오빠의 닭주스를 만들어 먹어봤는데 별로일 거라는 예상과는 달리 맛이 괜찮아서 놀랐어요!

재료

[3개 기준]
두부 ½모, 라이스페이퍼 3장, 참치 1캔, 뜨거운 물(라이스페이퍼가 잠길 만큼), 스리라차 소스 조금

개그맨 김혜선

3개 70kcal 참두라(참치+두부+라이스페이퍼)

❶ 두부 ½모를 3~4㎝ 크기의 사각형으로 썰어요.

❷ 썬 두부를 180℃로 예열한 에어프라이어에 5~15분 정도(에어프라이어에 따라 다름) 익힌 뒤 한 번 뒤집어주세요. 이때 두부가 너무 딱딱해지지 않도록 확인해요.

Tip. 에어프라이어를 5분 간격으로 살짝 열었다 닫아주면 더 쫄깃해요.

❸ 뜨거운 물에 라이스페이퍼를 담갔다 빼고, 참치 1캔은 기름기를 꼭 짜요.

❹ 라이스페이퍼에 참치 1숟가락, 구운 두부 5~6개를 올리고 돌돌 말아주세요.

❺ 0칼로리 매콤한 스리라차 소스에 찍어서 맛있게 먹어요.

미진's comment

처음 혜선 언니의 레시피로 만들어 먹었을 때 오일스프레이를 살짝 뿌려 에어프라이어에 15분 이상 구웠더니 마치 '짜조' 같았어요. 그래서 두 번째 만들어 먹을 때 4번 과정에서 땅콩 가루를 좀 넣었더니 고소한 맛이 추가되어 또 다른 맛을 느낄 수 있었지요.

재료

현미밥 120g, 달걀 6개(노른자 3개), 양파 ⅙개, 당근 ⅙개, 간장 1.5T, 알룰로스 1T, 생강가루 0.3T, 올리브유 조금

마성의 소스로 만든 데리야키소스달걀밥

❶ 양파 ⅙개와 당근 ⅙개는 잘게 다져요.

❷ 간장 1.5T, 알룰로스 1T, 생강가루 0.3T을 잘 섞어 데리야키 소스를 만들어요.

❸ 팬에 올리브유를 두르고 다진 양파, 당근을 볶다가 밥과 달걀을 넣고 한 번 더 볶아서 데리야키 소스에 비벼 먹어요.

Tip.1 데리야키 소스를 넣지 않고 그냥 먹어도 맛있고, 간장+참기름을 비벼 먹어도 맛있어요.

Tip.2 데리야키 소스는 애호박, 가지, 알배추, 당근, 아스파라거스 등 모든 채소에 발라서 구우면 맛있어요.

개그맨 이종훈

미진's comment

종훈 선배의 데리야키 소스를 재원 쌤의 양배추스테이크에 뿌려 먹어도 굿👍

재료

초코프로틴 가루 70~80g,
코코넛오일 50g,
아가베 시럽 25~30g,
아몬드 가루 30g

30kg 감량 간식 아몬드초코프로틴바

❶ 큰 볼에 초코프로틴 가루 70~80g, 코코넛오일 50g, 아가베 시럽 25~30g, 아몬드 가루 30g을 모두 넣고 반죽해요.

❷ 팬을 달궈서 약불에 반죽을 익혀요.

Tip. 이때 중요한 건 불 조절인데, 구워지기 시작해 코코넛오일이 녹아 재료와 엉겨 붙어 질척해질 때쯤 불을 끄고 식혀요. 이때 원하는 모양을 만들어 틀을 잡고 그대로 굳히면 딱딱해집니다.

❸ 실온에서 1시간 정도 식혀서 원하는 모양으로 잘라 담아주세요.

Tip.1 아가베 시럽 대신 무가당 시럽, 프락토올리고당도 괜찮지만 만들어본 결과 맛이 다르더라고요. 칼로리도 낮고, 달달해서 맛있는 아가베 시럽을 무조건 추천합니다.

Tip.2 아몬드를 직접 칼질해서 아몬드 가루를 만들어보세요. 고소하고 큼직한 아몬드가 씹히는 맛이 일품이에요.

아나운서 이지현

미진's comment
'연대 설현'으로 잘 알려진
이지현 아나운서의 레시피예요.
다이어터들의 간식으로
추천해요!

재료

1 사과+청경채+레몬, 미네랄워터
2 비트+피망+당근+사과, 미네랄워터
3 단호박+샐러리+당근+레몬+토마토, 미네랄워터
4 단호박+방울토마토+레몬+사과, 미네랄워터

상큼한 채소물

❶ 깨끗이 손질한 채소들을 병에 담기 좋게 썰어요.

❷ 준비한 채소를 병에 담고 탄산수 또는 물을 부어요.

"채소물은 채소+과일을 냉수나 정수 또는 탄산수에 우려서 먹는 냉침 방법이에요. 가열하거나 뜨거운 물이 아니라 영양소 파괴를 줄이면서 수용성 미네랄 성분이 물에 우러나 수분 보충은 물론 다이어트 시 부족해지기 쉬운 미네랄+비타민 보충과 함께, 콜레스테롤과 나트륨 배출을 도와 배변 활동을 원활하게 해줘요. 마시는 물로도 채소와 과일의 영양을 챙길 수 있으니 건강한 채소 습관이라고 생각한답니다. 재료는 기호에 맞게 색감과 식감을 고려해 물에 넣고 10~20분 후 우려 마시면 되고, 두 번 정도 물을 리필해서 우릴 수 있어요. 남은 건더기는 그냥 먹거나 물과 함께 갈아서 주스로 만들어 먹어도 되고, 요리할 때 채수로 사용해도 좋아요. 단, 너무 물러 물이 탁해질 수 있는 재료는 피하는 것이 좋아요. 예를 들어 농익은 바나나, 토마토, 망고, 아보카도 등이요.

요리연구가 · 채소소믈리에 홍성란

미진's comment
홍성란 언니의 레시피는
언제나 대박이에요!
충분한 수분 섭취는
다이어트의 기본인데,
채소물로 맛있게 먹으면서도
비타민과 미네랄, 수분까지
채울 수 있어요.
게다가 보기에도
정말 예쁘죠?

재료

잘 익은 아보카도 ½개, 명란 ½개, 달걀 1개, 콜리플라워 1주먹, 양파 ¼개, 각종 채소, 김가루 조금, 올리브유 조금

저탄고지 아보카도명란밥

❶ 콜리플라워 1주먹을 쌀알 크기로 잘게 썰어서 달군 팬에 올리브유를 살짝 두르고 수분이 잘 날아가도록 볶아요.

❷ 양파 ¼개는 얇게 채 썰고, 각종 채소와 아보카도 ½개는 먹기 좋은 크기로 썰어주세요.

❸ 볶은 콜리플라워를 그릇에 담고 ②와 명란 ½개, 김가루를 올려요.

❹ 기호에 맞게 달걀 프라이를 해서 올리면 완성! **Tip.** 달걀 프라이 대신 스크램블을 올려도 맛있어요.

흉부외과 의사 서동주

"식단 관리에서 탄수화물 섭취를 최소화하려고 노력해요. 요즘 많은 분들이 하시는 저탄고지 방법을 선호하죠. 이 식단에 대해 많이 오해하는 부분이 '삼겹살만 먹으면 되는 것 아닌가?' '고기 맘껏 먹어도 되겠네' 이렇게 생각하는 거예요. 하지만 저탄고지, 키토제닉 식단의 중요한 포인트는 탄수화물을 많이 먹으면 여러 가지 문제들이 많이 생기니 '좋은 지방'으로 대체하자는 거예요. '좋은 지방'을 먹는 것이 포인트죠. 분명 육류(소고기, 돼지고기)가 중요한 영양소이기는 하지만 그것만이 저탄고지 식단의 전부는 아니고, 식단 중의 한 부분일 뿐이에요. 다이어트를 할 때 염분 섭취에도 굉장히 신경 쓰잖아요. 하지만 저탄고지 식단은 수분 배출이 많아서 염분 섭취가 오히려 필요해요. 그래서 잘 이용한다면 배불리 먹으면서도 다이어트를 할 수 있는 좋은 방법 중에 하나가 될 거예요."

미진's comment

저탄고지 다이어트로 성공하고
여전히 저탄고지를 하고 있는
흉부외과 훈남 의사 서동주 쌤이에요~
쌤의 아내분은 SNS 스타이신데
몸매 완전 대박!ㅎㅎㅎ 몸짱 부부의
비결이 저탄고지일까요?^^

재료

양배추 가운데 부분 3cm, 후춧가루 조금, 통밀가루 조금, 올리브유 조금

고기보다 맛있는 양배추스테이크

❶ 양배추 한가운데 부위를 3cm 두께로 썰어요.

❷ 한 겹씩 떨어지지 않고 깔끔하게 유지되도록 이쑤시개를 꽂아주세요.

❸ 양배추 앞뒤를 후춧가루로 꼼꼼하게 간을 해주세요.

❹ 양배추에 통밀가루를 앞뒤로 한 번씩 묻힌 다음 살살 털어줘요.

Tip. 통밀가루 묻히는 과정은 생략해도 됩니다.

❺ 올리브유를 살짝 뿌리고 100℃로 예열한 에어프라이어에 10분간 구우면 완성!

Tip.1 에어프라이어가 없으면 프라이팬에 올리브유를 두르고 약불에 오래 구우면 돼요. 뚜껑을 덮어서 양배추 속까지 골고루 익힙니다.

Tip.2 아삭함을 좋아하는 정도에 따라 익히는 시간을 조절해주세요.

Tip.3 녹인 버터와 다진 마늘을 잘 섞어 양배추에 끼얹어 구워도 맛있고, 모차렐라 치즈를 올려 먹어도 정말 맛있어요. 페페론치노나 청양고추, 파슬리 가루를 뿌려도 맛있답니다!

트레이너 김재원

미진's comment

한 방에 임신되는
최적의 몸으로 만들어준
김재원 트레이너의 레시피예요~
우아하게 스테이크 썰고 싶은 날
도전해보세요!

재료

생닭가슴살 300~400g,
우유(잡내용. 생략 가능),
양파 1개(취향에 따라 조절 가능),
브로콜리, 파프리카,
새송이버섯(채소는 모두 원하는 만큼),
후춧가루 혹은 스테이크 시즈닝

근육 만드는 레시피 2개

① 닭가슴살채소구이

❶ 생닭가슴살 300~400g을 우유에 20분 정도 재워서 잡내를 제거하고 흐르는 물에 씻어줘요.
❷ 닭가슴살을 키친타월로 물기를 살짝 닦은 뒤 먹기 좋게 잘라줍니다.
❸ 채소들도 먹기 좋게 썰어요.
❹ 180℃로 예열한 에어프라이어에 닭가슴살과 채소를 담아 후춧가루를 뿌린 뒤 10분간 굽고, 흔들어준 뒤 10분 더 구워주세요.(굽기 정도는 기호에 맞게 정합니다.)

재료

소고기 부채살 1팩(180~200g),
아스파라거스,
새송이버섯(혹은 표고버섯) 1줌,
로즈마리, 파프리카,
브로콜리(채소는 모두 원하는 만큼),
통마늘, 바질페스토

② 소고기채소구이

❶ 달군 팬에 부채살 180~200g, 로스마리, 통마늘을 올려요.
❷ 아스파라거스, 새송이버섯 1줌, 파프리카, 브로콜리는 먹기 좋게 썰어요.
❸ 부채살 겉면이 어느 정도 익었을 때 먹기 좋은 크기로 자릅니다.
❹ 손질한 채소와 같이 구워줍니다.(오일은 넣지 않고 소고기 육즙으로 구워요.)
❺ 잘 익은 부채살과 채소를 바질페스토와 곁들여 먹습니다. 바질페스토 대신 와사비로 대체해도 좋아요.

미진's comment
비전휘트니스 대표이자 피트니스 선수 상효가 조각 같은 몸을 만들 때 먹었던 식단이에요. 아내 유미 님이 만들어주신 요리라고 하네요~

재료

소고기 우둔살(육회용 300g, 키친타월로 핏물 제거), 절임박고지,
감태 3장(김밥용 김 크기),
밥 3공기(무압 취사나 냄비밥),
로메인 큰 것 6장,
식초, 소금, 참기름, 고추장,
물엿, 참깨, 마늘 조금씩

건강하고 맛있는 육회김밥

❶ 밥은 식초 : 소금 : 참기름 = 1.5 : 1 : 1 비율로 양념해요.
❷ 육회는 밥숟가락 1개를 기준으로 고추장 : 참기름 : 물엿 : 참깨 : 마늘 = 1 : 1 : 1 : 1 : 1 비율로 양념해주세요.
❸ 감태에 양념한 밥을 끝머리 3㎝ 남기고 잘 펴서 올려줘요.
❹ 로메인 큰 것 2장을 밥 위에 올리고 양념 육회를 올려주세요.
❺ 절임박고지를 양껏 올려주세요.

Tip. 일반 김밥 단무지 2개를 올린다는 느낌으로.(개인 기준입니다.)

❻ 예쁘게 말아주세요.

Tip.1 밥은 고슬고슬해야 맛있어요.
Tip.2 마늘과 참깨는 먹기 전에 빻는 것이 더 좋아요.
Tip.3 절임박고지로만 싸서 먹어도 맛있어요.

미진's comment
헬스걸을 할 때 제 살을 빼준 양성균 오빠의 레시피예요. 지금까지 오빠와 인연을 이어오며 운동이나 식단 등 많은 도움을 받고 있답니다. 이 책에도 오빠에게 영감을 받은 요리가 있어요.

틸라피아구이와 강황밥

재료

틸라피아 필렛 150g, 핑크솔트, 후춧가루, 오레가노홀, 크러쉬드 레드페퍼 적당량, 레몬 슬라이스 ¼개 2조각

① 틸라피아구이

❶ 틸라피아 필렛 150g을 맑은 물로 깨끗이 씻은 후 물기를 제거하고 종이호일에 올려요.

❷ 적당량의 핑크솔트, 후춧가루, 오레가노홀, 크러쉬드 레드페퍼를 골고루 뿌리고 레몬 슬라이스 2조각을 올린 후 수분이 빠져나가지 않게 종이호일을 접어주세요.

❸ 200℃로 예열한 오븐에 10~12분간 구워요.

Tip. 기호에 따라 무가당 요거트와 레몬즙, 다진 양파를 섞어 만든 소스와 갖은 야채를 곁들여 먹으면 더 맛있어요.

재료

백미 4컵, 강황 분말 1T, 소금 ¼T

② 강황밥

❶ 백미 4컵을 깨끗한 물로 씻은 후 불려요.

❷ 씻은 백미에 강황 분말 1T, 소금 ¼T을 넣고 잘 섞어서 밥물을 맞추고 전기밥솥이나 냄비에 밥을 지어요.

Tip. 백미는 기호에 따라 자스민라이스(안남미)와 잡곡으로 대체해도 됩니다.

피트니스 선수 박민욱

미진's comment
오빠랑 스쿼트 연속 1,000회에 도전했다가 300개까지 하고 넉다운된 적이 있어요. 이 요리를 먹고 하면 1000스쿼트 성공할 것 같은 맛이에요! ㅎㅎ

틸라피아 : 흰살 생선 중 단백질 함량이 높고 지방량이 적어요. 100g당 20g 정도의 단백질을 함유하고 있어 소화가 잘되고 흡수가 빨라요. 단백질, 칼슘, 철분, 불포화지방산이 풍부하게 들어 있어 다이어트에 효과적입니다.

강황(울금) : 카레의 원료이며 주요 활성 성분인 커큐민은 천연 성분으로 항염, 항산화, 면역력 개선에 도움을 줘요. 담즙 분비와 신진대사를 촉진하는 효능이 있어 지방 분해를 돕고 장 활동이 활발해져 다이어트에 도움을 줄 수 있어요.

자스민라이스(안남미) : 일반 쌀에 비해 전분이 적어 소화가 월등히 잘되고 저항전분 성분이 월등히 높아 다이어트에 효과적입니다.

다이어트 고구마피자

재료

통밀 토르티야 1장, 토마토소스 1T, 주먹만 한 고구마 ½개, 파프리카, 양파 조금씩, 모차렐라 치즈 1T, 콘옥수수 1T, 슬라이스 블랙올리브 1t

❶ 통밀 토르티야 1장 위에 토마토소스 1T을 얇게 펴 발라요.

❷ 삶아서 으깬 고구마 ½개, 다진 파프리카와 양파를 올리고, 모차렐라 치즈 1T와 콘옥수수 1T, 슬라이스 블랙올리브 1t을 얹어요.

❸ 190℃로 예열한 오븐이나 에어프라이어에 10분간 구워요.

Tip. 기호에 따라 베이컨이나 방울토마토를 추가해도 맛있고, 오븐이나 에어프라이어 대신 프라이팬에 올리브유를 살짝 두른 뒤 치즈가 녹을 때까지 약불에 구워도 좋아요.

트레이너 민성희

미진's comment
101kg에서 49kg으로 체중 감량에 성공해 지금껏 유지 중인 민성희 님의 레시피예요. 민성희 님은 감량 이후 트레이너로 제2의 인생을 살고 계십니다~ 대단하신 분!

다이어트에 성공한 셀럽들의

Diet tip

유튜버 엔조이커플 임라라

맥주가 너무 마시고 싶다면

"0kcal 탄산수에 얼음 아이스크림을 넣어 마셔요. 시중에 판매하는 얼음 아이스크림이 대개 8~12kcal 정도라 저칼로리 맥주나 탄산음료 대용품이 될 수 있답니다. 또 삶은 곤약을 샐러드, 토마토와 함께 오리엔탈 드레싱을 뿌려 먹으면 새콤달콤한 한 끼가 된답니다."

미진's comment
라라가 업로드하는
'라라아냐구란데' 운동 영상을 보고
따라 하면 체중 감량에
더 도움이 될 거예요.
p.s. 주의: 방문 잠그고
해야 함! ㅎㅎ

상중하·저염 다이어트

"아침 점심 저녁을 굶는 건 너무 싫잖아요. 그래서 세끼 다 먹으면서 상중하로 양을 달리해요. 아침에는 일반식을 좀 든든하게 먹어요. 아침 식사는 뇌를 활발하게 해주기 때문이에요. 점심은 그 중간 정도의 양으로 먹고, 저녁은 그보다 간소하게 먹습니다. 메뉴는 뭐든 상관없이 양만 조절해요. 너무 맵거나 짠 자극적인 음식들을 자제하는 습관을 기르다 보니 담백한 음식을 즐기게 됐어요. 설렁탕집에서 간을 하지 않은 맑은 국만 먹어도 진한 국물인지 입맛으로 딱 느껴져요. 자극적인 음식을 먹는다면 불가능하거든요. 사회생활을 하다 보면 술을 먹지 않을 수가 없는데, 그다음 날 짬뽕처럼 맵고 짜고 소금 간이 많이 돼 있는 음식으로 해장을 하지 않아요. 차라리 맑은 국물인 쌀국수가 좋더라고요. 매운 게 너무 먹고 싶을 때는 캡사이신 같은 자극적인 조미료가 아닌, 와사비나 고추, 마늘로 대신하곤 해요. 운동도 중요하지만 많이 먹으면 아무 소용 없다는 생각이 들어서 식단을 제 스타일에 맞게 적용하고 있어요. 그래서 자기만의 스타일을 만들어야 오래 할 수 있답니다."

개그맨&가수 김재욱(김재롱)

미진's comment
재욱 선배 아내 세미는 몸매가 엄청 좋아요.
SNS를 보면 골프, 필라테스, 헬스 등 운동을
즐기시더라고요! 그리고 재욱 선배에게 "세미는 애 둘 낳고
몸매가 어찌 그렇게 좋아요?"라고 물어보니, "우리는 스트레스
받으면 먹잖아? 세미는 스트레스 받으면 안 먹어.
우리와는 다른 종족이야"라고
하시더라고요.

Index